GEOGRAFIA

Projeto Ápis

2º ano

Maria Elena Simielli

Bacharela e licenciada em Geografia pela Universidade de São Paulo (USP).
Professora doutora em Geografia e professora livre-docente do Departamento de Geografia – Pós-graduação, USP.
Ex-professora do Ensino Fundamental e Médio na rede pública e em escolas privadas do estado de São Paulo.

Assessoria pedagógica
Anna Maria Charlier

Bacharela e licenciada em Geografia pela Universidade de São Paulo (USP).
Bacharela e licenciada em História pela USP.
Ex-professora, diretora e supervisora do Ensino Fundamental e Médio na rede pública e em escolas privadas do estado de São Paulo.

editora ática

editora ática

Direção de inovação e conteúdo: Guilherme Luz
Direção editorial: Luiz Tonolli e Renata Mascarenhas
Gestão de projeto editorial: Tatiany Renó
Gestão e coordenação de área: Wagner Nicaretta e Brunna Paulussi
Editora assistente: Simone de Souza Poiani
Assistência editorial: Lucas dos Santos Abrami e Mariana Renó Faria
Gerência de produção editorial: Ricardo de Gan Braga
Planejamento e controle de produção: Paula Godo (ger.), Roseli Said e Marcos Toledo
Revisão: Hélia de Jesus Gonsaga (ger.), Kátia Scaff Marques (coord.), Rosângela Muricy (coord.), Cesar Gonçalves, Claudia Virgilio, Daniela Alvares, Lilian Miyoko, Patrícia Travanca, Thais R. Dassi e Vanessa de Paula Santos
Edição de arte: Claudio Faustino (coord.), Eber Souza (edição de arte), Jacqueline Ortolan, Lívia Vitta Ribeiro, Rodrigo Bastos Marchini e Simone Zupardo Dias (assist.)
Iconografia e licenciamento de texto: Sílvio Kligin (superv.), Denise Durand Kremer (coord.), Cristina Akisino (coord.), Thiago Fontana (pesquisa iconográfica), Luciana Sposito (licenciamento de textos)
Tratamento de imagem: Cesar Wolf e Fernanda Crevin
Ilustrações: Alessandra Tozzi, Dam d'Souza, Estúdio Giz de cera, Félix Reiners, Ilustra Cartoon, Léo Fanelli
Capa: Gláucia Correa Koller (coord.) e Talita Guedes da Silva
Ilustração de capa: Carlo Giovani
Projeto gráfico de miolo: Gláucia Correa Koller (coord.) e Talita Guedes da Silva

Avenida das Nações Unidas, 7221, 3º andar, Setor A
Pinheiros – São Paulo – SP – CEP 05425-902
Tel.: 4003-3061
www.atica.com.br / editora@atica.com.br

Dados Internacionais de Catalogação na Publicação (CIP)
(Câmara Brasileira do Livro, SP, Brasil)

Simielli, Maria Elena
Projeto Ápis : geografia 2º ano / Maria Elena Simielli, assessoria técnico-pedagógica Anna Maria Charlier. -- 3. ed. -- São Paulo : Ática, 2017.

ISBN: 978-85-0818-488-0 (aluno)
ISBN: 978-85-0818-489-7 (professor)

1. Geografia (Ensino fundamental) I. Charlier, Anna Maria. II. Título.

17-06563 CDD-372.891

Índices para catálogo sistemático:

1. Geografia : Ensino fundamental 372.891

2017
ISBN: 978-85-0818-488-0 (AL)
ISBN: 978-85-0818-489-7 (PR)
Código da obra CL 740081
CAE 621862 (AL) / 621863 (PR)
3ª edição
1ª impressão

Impressão e acabamento: Brasilform Editora e Ind. Gráfica

Uma publicação SOMOS EDUCAÇÃO

APRESENTAÇÃO

CARO ALUNO,

ESTA COLEÇÃO FOI FEITA PENSANDO EM VOCÊ, UMA CRIANÇA QUE ESTÁ COMEÇANDO A GRANDE AVENTURA DE EXPLORAR O MUNDO POR MEIO DOS ESTUDOS.

COMO PROFESSORA, PROCURO SEMPRE ESTIMULAR CADA ALUNO A RECONHECER COMO A GEOGRAFIA ESTÁ PRESENTE NO DIA A DIA, DE UMA MANEIRA TÃO NATURAL QUE ÀS VEZES NEM PENSAMOS NELA.

POR ISSO, NESTE LIVRO, VOCÊ VAI TRABALHAR DE UMA FORMA PRÁTICA. ORIENTADO POR SEU PROFESSOR, É VOCÊ QUEM VAI CONSTRUIR A GEOGRAFIA, TANTO NA SALA DE AULA QUANTO NAS OUTRAS ATIVIDADES DO SEU DIA A DIA.

ESPERO QUE ESTE LIVRO AJUDE VOCÊ, ALUNO, A COMPREENDER MELHOR O MUNDO EM QUE VIVEMOS E A PARTICIPAR DELE ATIVAMENTE PARA CONSTRUIR UMA SOCIEDADE CADA VEZ MELHOR.

QUE TAL EMBARCAR NESSA VIAGEM?

A AUTORA

Alessandra Tozzi/Arquivo da editora

CONHEÇA SEU LIVRO

ESTE LIVRO CONTÉM DUAS UNIDADES. CADA UNIDADE TEM DOIS CAPÍTULOS.

ABERTURA DE UNIDADE

NO INÍCIO DE CADA UNIDADE APRESENTAMOS UMA ILUSTRAÇÃO E ALGUMAS QUESTÕES PARA DESPERTAR O SEU INTERESSE PELO QUE SERÁ ESTUDADO.

ABERTURA DE CAPÍTULO

IMAGENS, TEXTOS LÚDICOS E ATIVIDADES ORAIS DA SEÇÃO **PARA INICIAR** ESTIMULAM VOCÊ A CONVERSAR COM OS COLEGAS SOBRE OS ASSUNTOS QUE SERÃO DESENVOLVIDOS.

MINHA COLEÇÃO DE PALAVRAS DE GEOGRAFIA

AO LONGO DOS CAPÍTULOS E AO FINAL DE CADA UNIDADE, VOCÊ VAI ENCONTRAR ATIVIDADES QUE EXPLORAM O SENTIDO DE ALGUMAS PALAVRAS IMPORTANTES PARA A DISCIPLINA.

PESQUISE

VOCÊ VAI PESQUISAR, INTERPRETAR INFORMAÇÕES E AMPLIAR O SEU CONHECIMENTO.

DESAFIO

OPORTUNIDADE DE FAZER DESCOBERTAS E COMPARAÇÕES EM GRUPO OU INDIVIDUALMENTE.

ASSIM TAMBÉM APRENDO

HISTÓRIAS EM QUADRINHOS, TIRINHAS E BRINCADEIRAS PARA VOCÊ APRENDER DE MODO DIVERTIDO.

SAIBA MAIS

TEXTOS, IMAGENS E ATIVIDADES PARA AMPLIAR SEUS CONHECIMENTOS E AGUÇAR A SUA CURIOSIDADE.

GLOSSÁRIO

AQUI VOCÊ ENCONTRA O SIGNIFICADO DAS PALAVRAS IMPORTANTES PARA O ESTUDO DE GEOGRAFIA.

TECENDO SABERES

AQUI VOCÊ VAI ENTRELAÇAR OS CONHECIMENTOS DA GEOGRAFIA COM OS SABERES DE OUTRAS DISCIPLINAS.

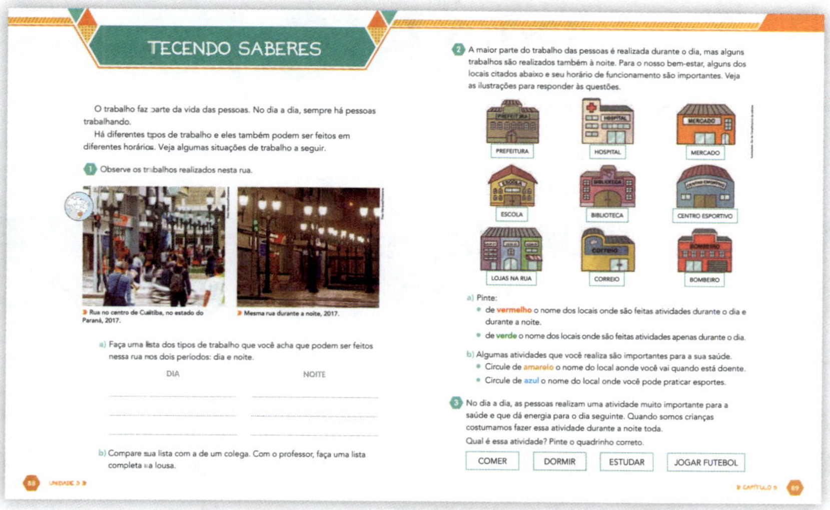

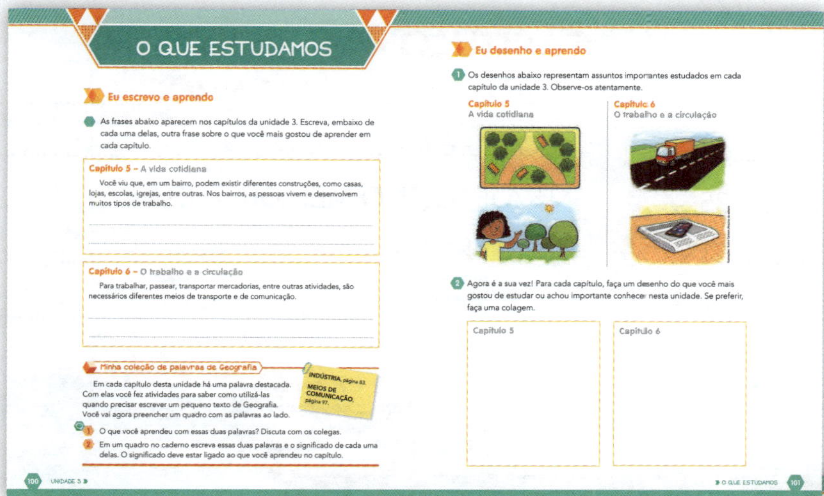

O QUE ESTUDAMOS

É O ENCERRAMENTO DA UNIDADE DE ESTUDO. AQUI VOCÊ VAI TRABALHAR A ESCRITA, O DESENHO, O RESUMO DOS TEMAS ESTUDADOS, ALÉM DE VER SUGESTÕES DE LIVROS, FILMES E *SITES* DE PESQUISA.

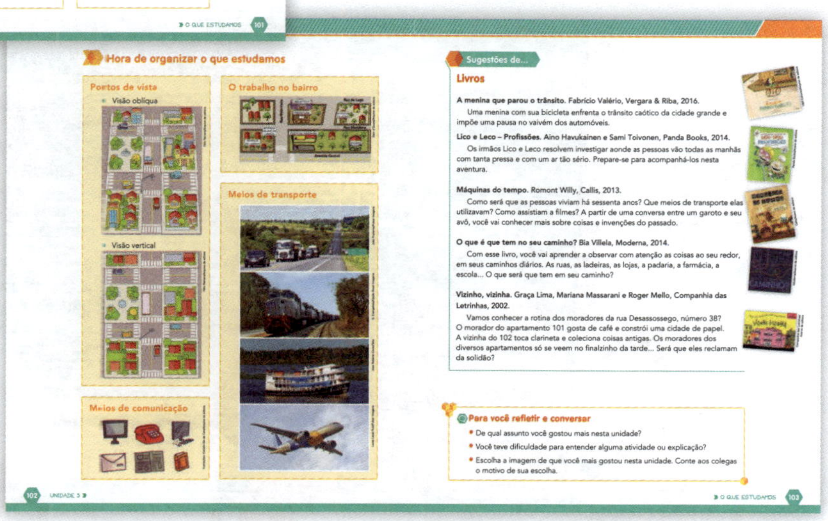

PROJETO

DOIS TEMAS PARA VOCÊ TRABALHAR EM EQUIPE, INVESTIGAR E PESQUISAR. APARECEM LOGO DEPOIS DA UNIDADE 4.

SUMÁRIO

Bentinho/Arquivo da editora

Bentinho/Arquivo da editora

UNIDADE 1

A VIDA EM COMUNIDADE

Bentinho/Arquivo da editora

- AS PESSOAS SÃO DIFERENTES? POR QUÊ?
- COMO É O SEU DIA A DIA?
- COMO É O LUGAR ONDE VOCÊ MORA?

CAPÍTULO 1

VIVA A DIFERENÇA

PARA INICIAR

AS DIFERENÇAS EXISTEM E É IMPORTANTE SABER RESPEITÁ-LAS. ACOMPANHE A LEITURA DO PROFESSOR.

LAURA

LAURA VIVE APRESSADINHA. POR QUE TANTA PRESSA, OH, LAURA? POIS ELA NÃO TEM NADA O QUE FAZER. ESTA PRESSA É UMA DAS BOBAGENS DE LAURA. MAS ELA É MODESTA: BASTA-LHE **CACAREJAR** UM BATE-PAPO SEM FIM COM AS OUTRAS GALINHAS. AS OUTRAS SÃO MUITO PARECIDAS COM ELA: TAMBÉM MEIO RUIVA E MEIO MARROM. SÓ UMA GALINHA É DIFERENTE DELAS: UMA CARIJÓ TODA DE ENFEITES PRETO E BRANCO. MAS ELAS NÃO DESPREZAM A CARIJÓ POR SER DE OUTRA RAÇA. [...]

CACAREJAR: O SOM QUE A GALINHA FAZ. NO TEXTO, TAMBÉM QUER DIZER FALAR MUITO.

Alessandra Tozzi/Arquivo da editora

CLARICE LISPECTOR. **A VIDA ÍNTIMA DE LAURA**. RIO DE JANEIRO: ROCCO, 2012.

1. COMO É LAURA?
2. O QUE DIFERENCIA A GALINHA CARIJÓ DAS OUTRAS GALINHAS?
3. PARA VOCÊ, AS DIFERENÇAS FÍSICAS SÃO IMPORTANTES? POR QUÊ?
4. O QUE É IMPORTANTE EM UMA PESSOA?

SEMELHANTES, MAS DIFERENTES

NÃO EXISTE NENHUMA PESSOA IGUAL À OUTRA. ÀS VEZES, PODE HAVER UMA PESSOA PARECIDA, MAS IGUALZINHA, NÃO.

CADA PESSOA TEM UMA HISTÓRIA, UM JEITO DE SER E DE VIVER.

1 PARA PERCEBER ISSO, QUE TAL CONHECER MELHOR ALGUÉM QUE ESTÁ PERTINHO DE VOCÊ: UM COLEGA DE CLASSE?

A) FIQUE PERTO DE SEU COLEGA E OLHE BEM PARA ELE. REPARE NO FORMATO DO ROSTO, NO CABELO, NOS OLHOS, NO NARIZ E NA BOCA.

B) DESENHE SEU COLEGA EM UMA FOLHA DE PAPEL SULFITE. PINTE O DESENHO, MOSTRANDO A COR DA PELE, DO CABELO E DOS OLHOS DO COLEGA.

C) ABAIXO DO DESENHO, ANOTE O NOME DE SEU COLEGA E O QUE VOCÊ MAIS GOSTA NELE. COLE O TRABALHO NO CADERNO OU ENTREGUE-O AO PROFESSOR.

2 É MUITO COMUM AJUDAR OS COLEGAS. VEJA O EXEMPLO DE PEDRO E MARCOS: MARCOS ACABOU DE CHEGAR DE OUTRA CIDADE E PEDRO ESTÁ TENTANDO AJUDÁ-LO A SE SENTIR BEM NA NOVA ESCOLA.

Léo Fanelli/Arquivo da editora

RESPONDA:

A) O QUE PEDRO FAZ PARA AJUDAR MARCOS?

B) O QUE MARCOS FAZ PARA AJUDAR PEDRO?

3 AGORA RESPONDA SOBRE UM AMIGO SEU:

A) O QUE VOCÊ FAZ PARA AJUDAR ESSE AMIGO?

____

B) O QUE ELE FAZ POR VOCÊ?

____

VOCÊ VAI CONHECER CRIANÇAS DE OUTROS LUGARES DO BRASIL E DO MUNDO. QUE DIFERENÇAS PODEM EXISTIR ENTRE VOCÊ E ELAS? OBSERVE AS FOTOS.

CRIANÇAS DO BRASIL

Renato Soares/Pulsar Imagens

MEU NOME É JANAÍNA. NASCI NO ESTADO DE MATO GROSSO. FOTO DE 2016.

Fernando Favoreto/Criar Imagem

MEU NOME É AIKO. NASCI NO ESTADO DE SÃO PAULO. FOTO DE 2016.

Silvestre Machado/Opção Brasil Imagens

MEU NOME É ANDREIA. NASCI NO ESTADO DO RIO DE JANEIRO. FOTO DE 2015.

CRIANÇAS DO MUNDO

blickwinkel/Alamy/Fotoarena

MEU NOME É HELGA. NASCI NA ALEMANHA. FOTO DE 2015.

Petro Feketa/Alamy/Fotoarena

MEU NOME É SATIE. NASCI NO JAPÃO. FOTO DE 2017.

ERIC LAFFORGUE/Alamy/Fotoarena

MEU NOME É RANIA. NASCI NO IRÃ. FOTO DE 2015.

Gerson Gerloff/Pulsar Imagens

MEU NOME É GABRIELA. NASCI NO ESTADO DO RIO GRANDE DO SUL. FOTO DE 2014.

Blue Images/Corbis/Getty Images

MEU NOME É DANIEL. NASCI NO ESTADO DE PERNAMBUCO. FOTO DE 2015.

Lula Sampaio/Opção Brasil Imagens

MEU NOME É PAULO. NASCI NO ESTADO DO AMAZONAS. FOTO DE 2013.

Thomas Cockrem/Alamy/Fotoarena

MEU NOME É PEDRO. NASCI EM MOÇAMBIQUE. FOTO DE 2015.

Jim West/Alamy/Fotoarena

MEU NOME É ALEJANDRO. NASCI NO MÉXICO. FOTO DE 2016.

Jason Cairnduff/Livepic/Reuters/Latinstock

MEU NOME É JAMES. NASCI NO REINO UNIDO. FOTO DE 2015.

1 O QUE AS CRIANÇAS ESTÃO DIZENDO NOS BALÕES DE FALA?

____

2 QUAIS SÃO AS SEMELHANÇAS E AS DIFERENÇAS ENTRE ESSAS CRIANÇAS?

____

____

VOCÊ VIU COMO SE DIZ **BOM DIA** EM ALGUMAS LÍNGUAS. AGORA VERÁ DE ONDE VIERAM ALGUMAS PESSOAS DA SUA COMUNIDADE.

1 PERGUNTE A UM ADULTO QUE MORA COM VOCÊ: ONDE NÓS MORAMOS HÁ PESSOAS QUE VIERAM DE OUTROS LUGARES DO BRASIL OU DE OUTROS PAÍSES? ANOTE O NOME DE TRÊS LUGARES NAS LINHAS ABAIXO.

____

____

- CADA UM FALA SUAS RESPOSTAS E O PROFESSOR ANOTA NA TABELA DA LOUSA. DEPOIS, COPIE AS RESPOSTAS NA TABELA ABAIXO.

BRASIL	OUTROS PAÍSES

2 VAMOS INVESTIGAR AS ORIGENS DO ALUNOS DA CLASSE. QUEM NASCEU EM OUTRO LUGAR E SE MUDOU PARA ONDE VIVE AGORA? O PROFESSOR VAI MONTAR A TABELA ABAIXO NA LOUSA E COMPLETAR OS DADOS COM VOCÊ E OS COLEGAS.

QUANTAS CRIANÇAS NASCERAM NO ESTADO ONDE SE LOCALIZA A ESCOLA ☐	QUANTAS NASCERAM EM OUTROS ESTADOS/ NOME DO ESTADO ☐	QUANTAS NASCERAM EM OUTROS PAÍSES/ NOME DO PAÍS ☐

AS PESSOAS QUE VIERAM DE OUTROS LUGARES GERALMENTE TRAZEM COSTUMES E TRADIÇÕES DE SEUS LUGARES DE ORIGEM. MUITAS VEZES, PERCEBEMOS ESSA INFLUÊNCIA NO LUGAR ONDE MORAMOS.

VAMOS VER EXEMPLOS DE COMO ALGUNS COSTUMES E TRADIÇÕES SE ESPALHARAM PELO BRASIL TODO.

COMER TAPIOCA E TOMAR CHIMARRÃO SÃO COSTUMES DAS PESSOAS DE ALGUNS ESTADOS DO BRASIL. ESSES COSTUMES ESTÃO SE TORNANDO POPULARES EM LUGARES DIFERENTES DAQUELES ONDE ELES SÃO TRADICIONAIS.

Gerson Gerloff/Pulsar Imagens

BARRACA DE PRODUTOS TÍPICOS DA BAHIA EM PORTO ALEGRE, NO ESTADO DO RIO GRANDE DO SUL, 2014.

1 AS PESSOAS QUE VIVEM COM VOCÊ COMEM TAPIOCA OU BEBEM CHIMARRÃO? PERGUNTE A ELAS SE SABEM DE ONDE VÊM ESSES COSTUMES.

2 CONVERSE COM OS COLEGAS E O PROFESSOR SOBRE COSTUMES TRAZIDOS POR PESSOAS QUE VIERAM DE OUTRAS PARTES DO MUNDO.

Thomaz Vita Neto/Pulsar Imagens

ESCULTURAS DE CHALEIRA E CUIA REPRESENTAM O CHIMARRÃO GAÚCHO EM CHAPADÃO DO SUL, MATO GROSSO DO SUL, 2014.

PESQUISE

- PERGUNTE A UMA PESSOA ADULTA QUE MORA COM VOCÊ SE NO LUGAR ONDE VOCÊ VIVE HÁ ALGUM COSTUME OU TRADIÇÃO QUE VEIO DE OUTROS LUGARES DO BRASIL. ESCREVA NO CADERNO.

MINHA COLEÇÃO DE PALAVRAS DE GEOGRAFIA

VAMOS CONHECER MELHOR UMA PALAVRA QUE APARECEU NESTA PÁGINA?

TRADIÇÃO

- O QUE É TRADIÇÃO? USE EXEMPLOS DESTA PÁGINA.

REPRESENTAÇÕES

PODEMOS DESENHAR UM OBJETO MAIOR OU MENOR DO QUE ELE É NA REALIDADE. MAS SERÁ QUE, AO FAZERMOS ISSO, O OBJETO FICA DIFERENTE?

1 OBSERVE AS IMAGENS ABAIXO E RESPONDA:

Fotos: Hely Demutti/Arquivo da editora

- QUAL DESTAS MOEDAS ESTÁ NO TAMANHO REAL?

____

2 PRESTE ATENÇÃO. O TRAÇADO DOS TRÊS DESENHOS ABAIXO É IGUAL, MAS ELES TÊM DIFERENÇAS NO TAMANHO E NO LOCAL QUE OCUPAM NESTA PÁGINA.

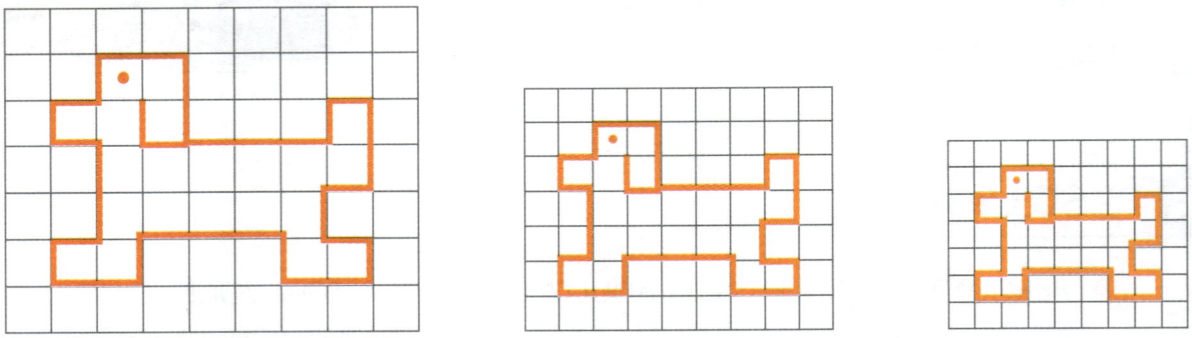

Félix Reiners/Arquivo da editora

AS POSIÇÕES DOS DESENHOS PODEM SER:

À ESQUERDA	NO MEIO	À DIREITA

- OBSERVE OS DESENHOS E PINTE A RESPOSTA CORRETA.

A) O **MAIOR** É O	DA ESQUERDA.	DO MEIO.	DA DIREITA.
B) O **MENOR** É O	DA ESQUERDA.	DO MEIO.	DA DIREITA.

3 A CARTEIRA ESCOLAR E A CADEIRA ABAIXO ESTÃO DESENHADAS DE DUAS FORMAS DIFERENTES. OBSERVE ATENTAMENTE OS DESENHOS.

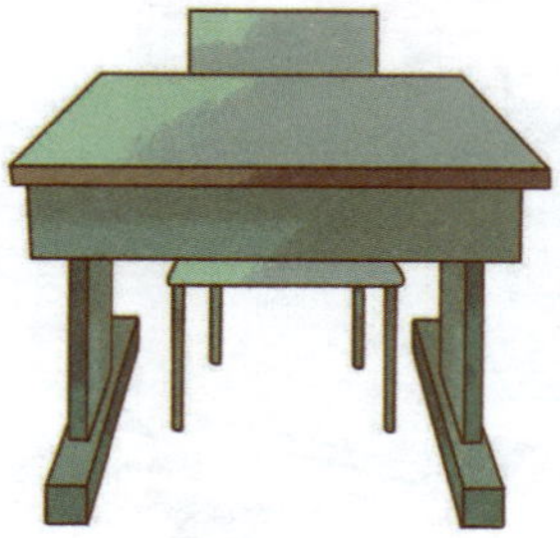
Léo Fanelli/Arquivo da editora

Léo Fanelli/Arquivo da editora

A CRIANÇA DA FOTO AO LADO REPRESENTOU SUA CARTEIRA ESCOLAR DE UMA FORMA AINDA MAIS DIFERENTE.

- PRIMEIRO, ELA MEDIU A CARTEIRA COM O PALMO.
- DEPOIS, DESENHOU A CARTEIRA EM UM PAPEL QUADRICULADO. VEJA COMO FICOU.

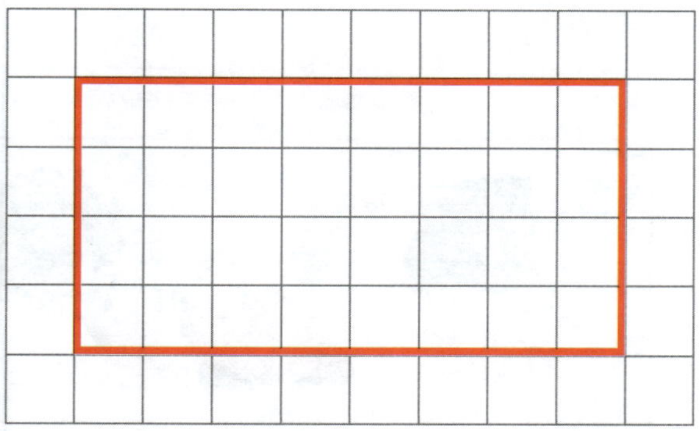

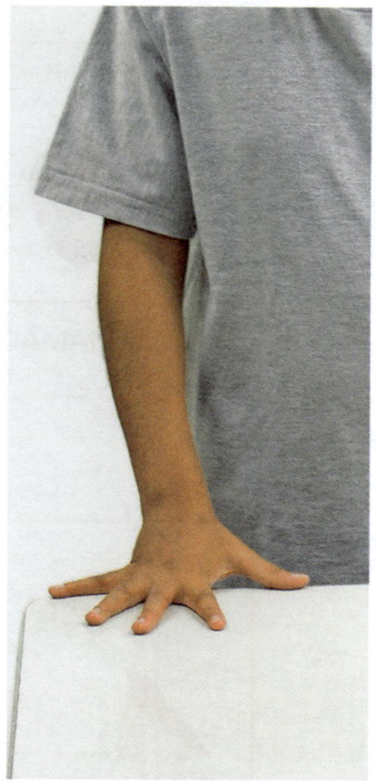
Fernando Favoretto/Acervo do Fotógrafo

AGORA, VOCÊ VAI FAZER O DESENHO DE SUA CARTEIRA.

A) MEÇA A CARTEIRA COM PALMOS. DEPOIS, FAÇA SUA REPRESENTAÇÃO EM DOIS TAMANHOS DIFERENTES.

B) TROQUE IDEIAS COM OS COLEGAS E COMPARE OS RESULTADOS.

4 COMPARE OS DESENHOS E RESPONDA:

A) QUAIS SÃO OS DOIS MAIORES OBJETOS NA REALIDADE?

B) QUAL É O MENOR OBJETO NA REALIDADE?

Ilustrações: Léo Fanelli/Arquivo da editora

5 OBSERVE AS FOTOS DE ALGUNS VEGETAIS. TODOS SÃO DIFERENTES, MAS PODEM SER AGRUPADOS.

John Kellerman/Alamy/Glow Images; Liudmila Chernova/Coleção/Getty Images; Liudmila Chernova/Coleção/Getty Images

› MAÇÃ, MAMÃO, LARANJA.

Peter Medilek/StockFood/Latinstock; Vincenzo Lombardo/Coleção/Getty Images

› AGRIÃO, ALFACE.

Photo/Alamy/Glow Images; Photo/Alamy/Glow Images; Photo/Alamy/Glow Images

› CENOURAS.

Shutterstock/Glow Images; Shutterstock/Glow Images; Shutterstock/Glow Images

› BRÓCOLIS, COUVE-FLOR, ALCACHOFRA.

A) ANOTE ABAIXO DAS FOTOS O NOME DE CADA GRUPO DE VEGETAIS.

B) NO PRIMEIRO GRUPO, QUAL VEGETAL ESTÁ NO MEIO? ____________

C) NO GRUPO 2, QUAL VEGETAL ESTÁ AO LADO DO AGRIÃO? ____________

D) NO ÚLTIMO GRUPO, QUAL ESTÁ MAIS EMBAIXO? ____________

E) NO GRUPO 3, QUAL É A POSIÇÃO DO MENOR VEGETAL?

____

APRENDENDO A REPRESENTAR

VEJA NAS FOTOS A SEGUIR CRIANÇAS DESENHANDO O CONTORNO DO CORPO DE DOIS COLEGAS EM UMA FOLHA DE PAPEL GRANDE.

UMA CRIANÇA ESTÁ DEITADA E A OUTRA ESTÁ EM PÉ. SERÁ QUE OS CONTORNOS DELAS SÃO IGUAIS?

Hely Demutti/Arquivo da editora

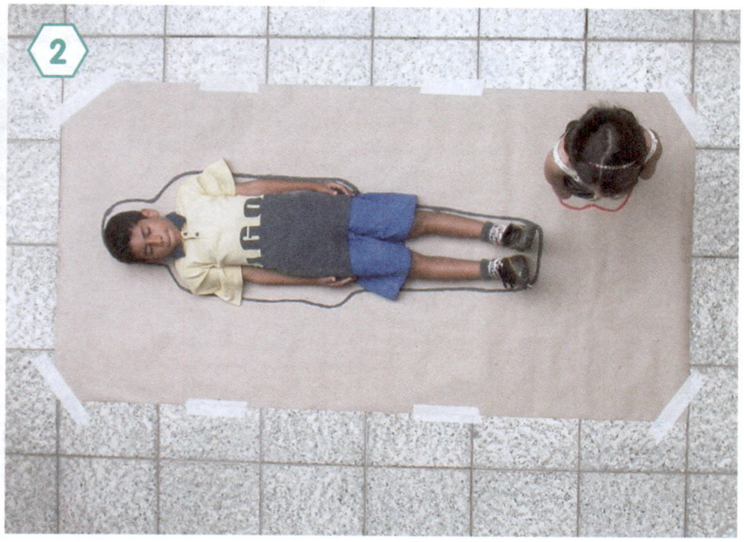

Hely Demutti/Arquivo da editora

VEJA COMO FICARAM OS CONTORNOS TRAÇADOS OLHANDO DO ALTO, DE CIMA PARA BAIXO.

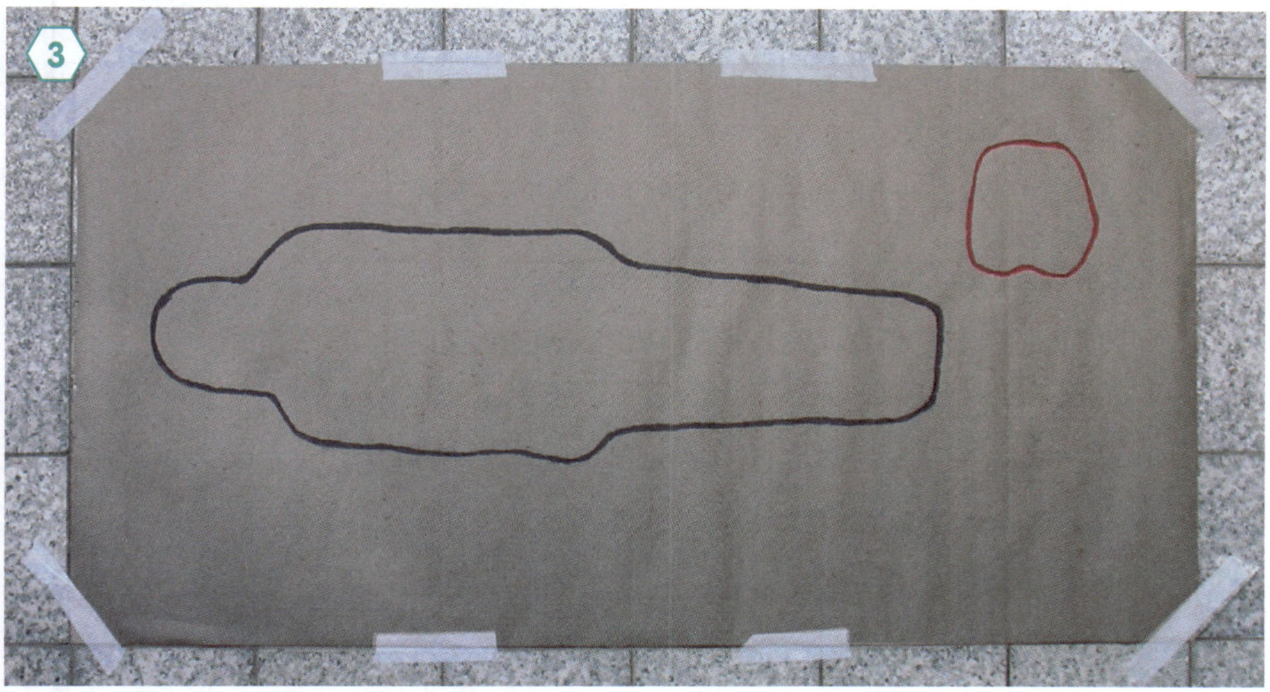

Hely Demutti/Arquivo da editora

1 OS DOIS CONTORNOS TÊM FORMAS IGUAIS OU DIFERENTES?

2 AGORA VOCÊ E UM COLEGA VÃO FAZER O MESMO. SIGAM AS INSTRUÇÕES.

A) CONTORNO DO CORPO.

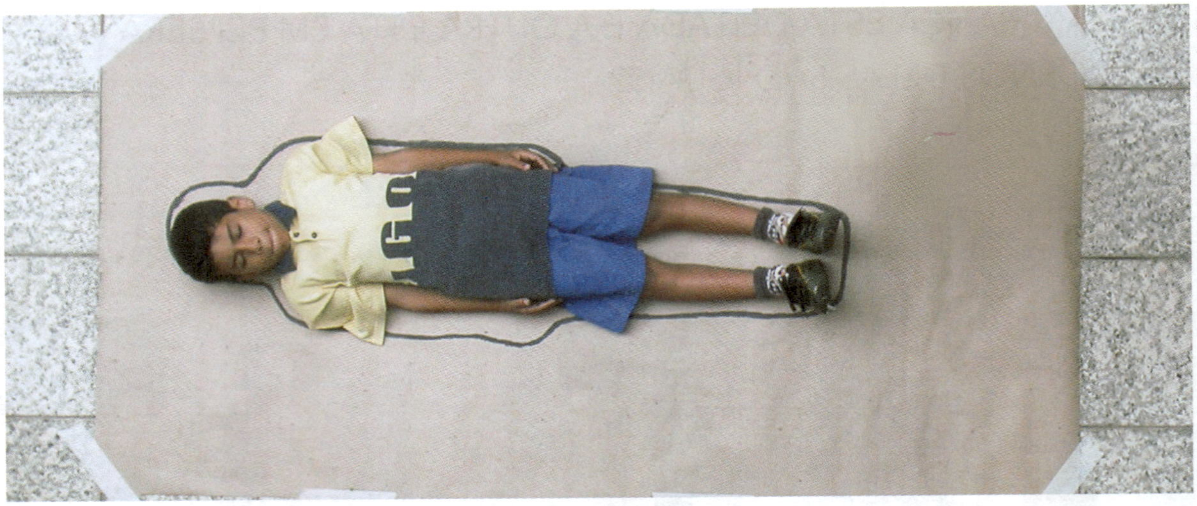

Hely Demutti/Arquivo da editora

- NO CHÃO, COLOQUE UMA FOLHA DE PAPEL PARDO E PRENDA-A COM FITA ADESIVA.
- DEITE-SE SOBRE A FOLHA DE PAPEL.
- PEÇA AO COLEGA QUE DESENHE O CONTORNO DE SEU CORPO COM GIZ DE CERA, PINCEL ATÔMICO OU CANETA HIDROGRÁFICA COLORIDA.
- DEPOIS, EM OUTRA FOLHA DE PAPEL, FAÇA A MESMA COISA COM SEU COLEGA.
- ESCREVA SEU NOME DENTRO DO DESENHO.

B) CONTORNO DOS PÉS.

- UTILIZE A FOLHA DE PAPEL PARDO EM QUE FOI DESENHADO O CONTORNO DE SEU CORPO.
- PEÇA AO COLEGA QUE CONTORNE SEUS PÉS.
- DEPOIS FAÇA A MESMA COISA COM SEU COLEGA.

Hely Demutti/Arquivo da editora

C) COMPARE O CONTORNO DO CORPO COM O CONTORNO DOS PÉS E RESPONDA:

- QUAIS SÃO AS DIFERENÇAS ENTRE AS DUAS REPRESENTAÇÕES?

3 AGORA, VAMOS COMPARAR A ALTURA DOS ALUNOS DA CLASSE.

A) PEGUE O CONTORNO DE SEU CORPO QUE FOI FEITO NA ATIVIDADE 1 DA PÁGINA 20.

- OBSERVE ATENTAMENTE O TRAÇADO DO CONTORNO.
- RECORTE ESSE CONTORNO E NOTE QUE ELE FICOU PARECENDO UM BONECO.

B) ESTIQUE O BONECO NO CHÃO.

- MEÇA QUANTOS PALMOS ELE TEM DA CABEÇA AOS PÉS.
- ESCREVA, NO BONECO, QUANTOS PALMOS VOCÊ CONTOU.

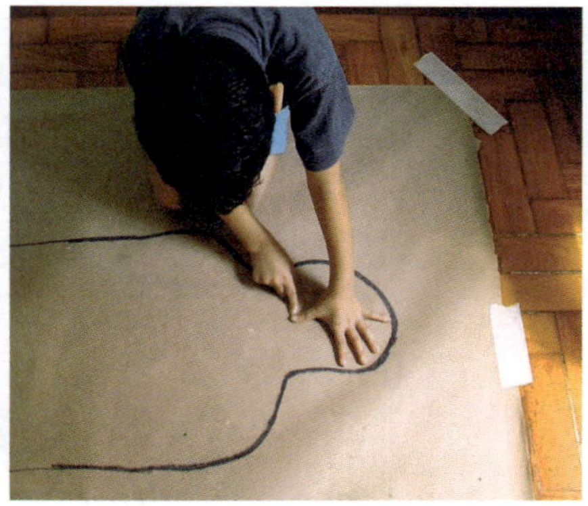

Hely Demutti/Arquivo da editora

C) COM A AJUDA DO PROFESSOR, FORME UM GRUPO COM CINCO COLEGAS.

- INVENTEM UM NOME PARA SEU GRUPO.
- FIXEM OS BONECOS DO GRUPO NA PAREDE DA SALA DE AULA OU NO PÁTIO DA ESCOLA.

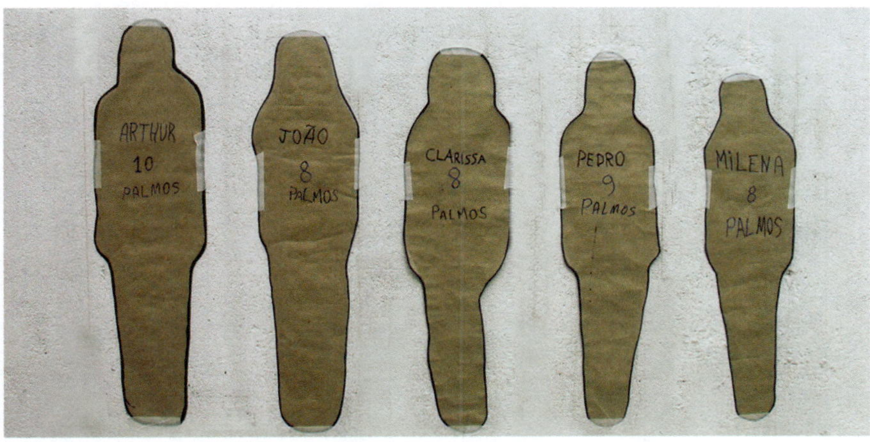

Hely Demutti/Arquivo da editora

D) OBSERVE A ALTURA DOS BONECOS DE SEU GRUPO E RESPONDA:

- QUANTOS COLEGAS SÃO MAIS BAIXOS DO QUE VOCÊ? ______________
- QUANTOS SÃO MAIS ALTOS? ______________________________
- QUANTOS TÊM MAIS OU MENOS A MESMA ALTURA QUE VOCÊ?

____

TECENDO SABERES

AGORA, VOCÊ VAI TRABALHAR COM OUTRA FORMA DE REPRESENTAÇÃO: O GRÁFICO.

O TAMANHO REAL DAS PESSOAS, DOS ANIMAIS E DOS OBJETOS, POR EXEMPLO, PODE SER REPRESENTADO EM UM GRÁFICO.

ARTHUR FEZ UM GRÁFICO PARA REPRESENTAR A ALTURA DELE.

ELE MEDIU SUA ALTURA EM 10 PALMOS. PARA REPRESENTAR ESSA MEDIDA, ELE USOU UMA COLUNA DIVIDIDA EM QUADRINHOS. ARTHUR PINTOU UM QUADRINHO PARA CADA PALMO, OU SEJA, PINTOU 10 QUADRINHOS NO TOTAL. VEJA ABAIXO.

1 AGORA, FORME UM GRUPO COM QUATRO COLEGAS PARA REPRESENTAR A ALTURA DE VOCÊS, COMO FEZ ARTHUR.

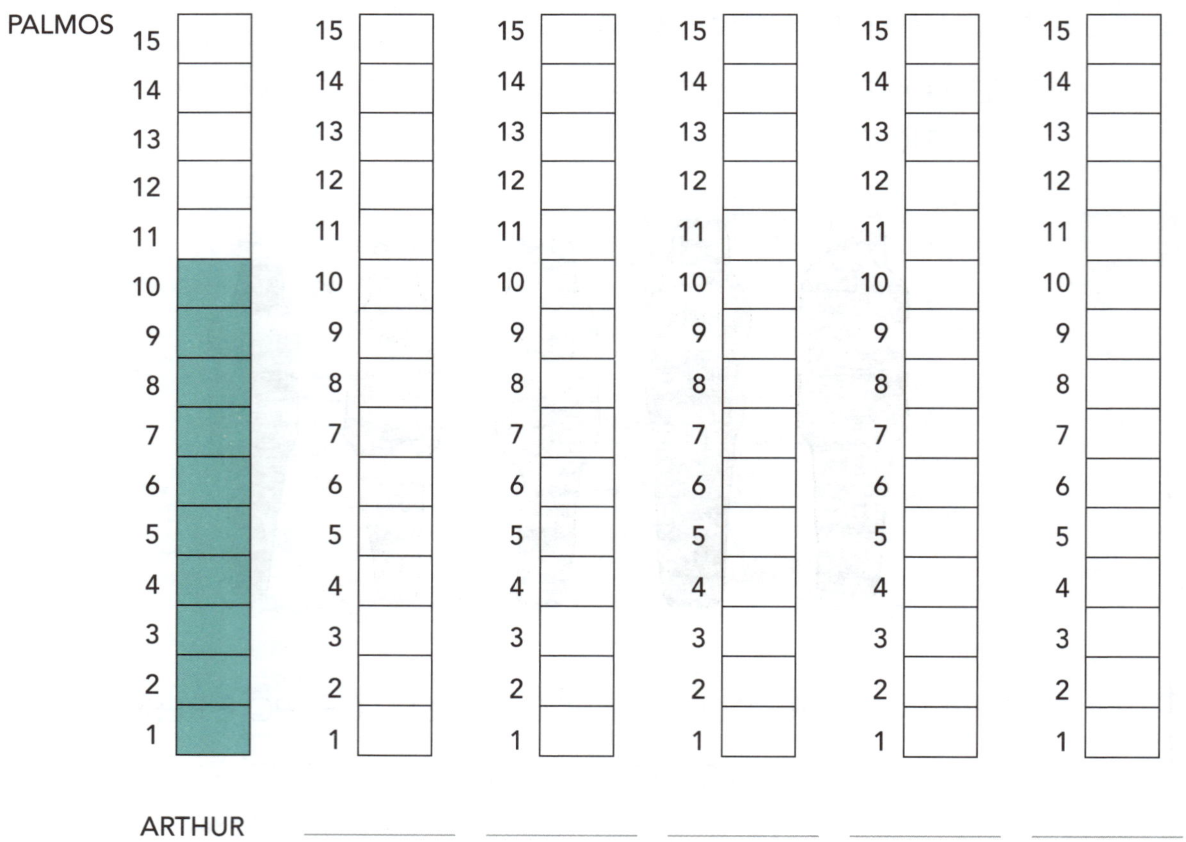

2 COMPARE OS BONECOS DO SEU GRUPO COM O GRÁFICO ACIMA. O QUE VOCÊ PERCEBE?

A REPRESENTAÇÃO QUE VOCÊ VAI FAZER AGORA É DE ANIMAIS QUE VOCÊ VÊ EM LIVROS, NA INTERNET, NA TELEVISÃO E ATÉ AO VIVO.

ALGUNS ANIMAIS PODEM SER ENCONTRADOS NO BRASIL. OUTROS ANIMAIS VIVERAM AQUI HÁ MILHÕES DE ANOS, COMO É O CASO DOS DINOSSAUROS.

VEJA NAS FOTOGRAFIAS O COMPRIMENTO APROXIMADO DESSES ANIMAIS.

Artur Keunecke/Pulsar Imagens

› ONÇA-PINTADA (CERCA DE 2 METROS).

Fabio Colombini/Acervo do fotógrafo

› PIRARUCU (CERCA DE 3 METROS).

Rodolfo Nogueira/Stocktrek Images/Coleção/Getty Images

› TITANOSSAURO (CERCA DE 13 METROS).

Fabio Colombini/Acervo do fotógrafo

› SURUCUCU (CERCA DE 4 METROS).

Sergey Krasovskiy/Stocktrek Images/Coleção/Getty Images

› ABELISSAURO (CERCA DE 8 METROS).

Fabio Colombini/Acervo do fotógrafo

› ANTA (CERCA DE 2 METROS).

1 PREENCHA OS GRÁFICOS ABAIXO PARA REPRESENTAR O COMPRIMENTO DE CADA ANIMAL.

METROS	ONÇA-PINTADA	SURUCUCU	PIRARUCU	ABELISSAURO	TITANOSSAURO	ANTA
13						
12						
11						
10						
9						
8						
7						
6						
5						
4						
3						
2						
1						

2 QUAIS DESSES ANIMAIS VOCÊ JÁ VIU NA TV, EM LIVROS, NA INTERNET OU AO VIVO?

3 CONTE AOS COLEGAS COMO VOCÊ ACHA QUE É O AMBIENTE ONDE VIVE OU VIVEU CADA UM DESSES ANIMAIS.

CAPÍTULO 2

MORAR E CONVIVER

PARA INICIAR

TODAS AS PESSOAS DEVERIAM TER UM LUGAR PARA MORAR. ACOMPANHE A LEITURA DO PROFESSOR DO TEXTO A SEGUIR.

TIPOS DE CASAS

ALGUMAS CASAS SÃO MAIORES, OUTRAS MENORES, ALGUMAS SÃO DE MADEIRA OU DE TIJOLOS, OUTRAS DE PALHA, COM ALGUMAS VARINHAS DE MADEIRA PRA SEGURAR AS PAREDES. **TODA CASA, PRA SER CASA, TEM PAREDE. PORTA PRA ENTRAR, CHÃO PRA PISAR, TETO PRA COBRIR**, E QUASE SEMPRE TEM JANELA PRA OLHAR E PRA DEIXAR O AR PASSAR. NEM SEMPRE TEM ÁGUA, NEM SEMPRE TEM LUZ, NEM SEMPRE TEM JARDIM OU CALÇADA NA FRENTE, NEM QUINTAL ATRÁS. TEM CASAS QUE FICAM NO ALTO DO MORRO, NA LADEIRA, OUTRAS NA BEIRA DA ESTRADA, NA BEIRA DO RIO.

Alessandra Tozzi/Arquivo da editora

MARGARIDA DOS ANJOS E MARINA BAIRD FERREIRA. **O AURÉLIO COM A TURMA DA MÔNICA**. RIO DE JANEIRO: NOVA FRONTEIRA, 2003. P. 38.

1. POR QUE AS PESSOAS PRECISAM DE MORADIAS?

2. DO QUE VOCÊ MAIS GOSTA EM SUA MORADIA? POR QUÊ?

NA MINHA MORADIA

VOCÊ VAI FALAR AGORA SOBRE AS PESSOAS QUE VIVEM EM SUA MORADIA E O SEU PARENTESCO COM ELAS.

1. QUANTAS PESSOAS MORAM COM VOCÊ? ☐

2. ANOTE O NOME E A IDADE DAS PESSOAS QUE MORAM COM VOCÊ E O SEU PARENTESCO COM ELAS.

____

____

____

____

3. DESENHE EM UMA FOLHA AVULSA TODAS AS PESSOAS QUE MORAM COM VOCÊ. ESCREVA O NOME DE CADA UMA DELAS.

ASSIM TAMBÉM APRENDO

PARA CONVIVER NA MESMA MORADIA É PRECISO QUE AS PESSOAS RESPEITEM O ESPAÇO COMUM A TODOS E DIVIDAM AS TAREFAS DOMÉSTICAS. LEIA A TIRINHA A SEGUIR.

MAURICIO DE SOUSA. **ALMANAQUE DO CASCÃO**. SÃO PAULO, 1999.

1. VOCÊ CONCORDA COM O CASCÃO? POR QUÊ?

2. VOCÊ CONSEGUIRIA DORMIR E BRINCAR EM UM QUARTO COMO O DO CASCÃO? POR QUÊ?

REPRESENTAÇÕES NO DIA A DIA

OS MÓVEIS E OBJETOS QUE EXISTEM EM NOSSAS MORADIAS PODEM SER REPRESENTADOS DE DIVERSAS MANEIRAS.

ELES PODEM SER DESENHADOS OU FOTOGRAFADOS SOB DIFERENTES PONTOS DE VISTA. VEJA AS FOTOS A SEGUIR.

DE FRENTE

DO ALTO E DE LADO

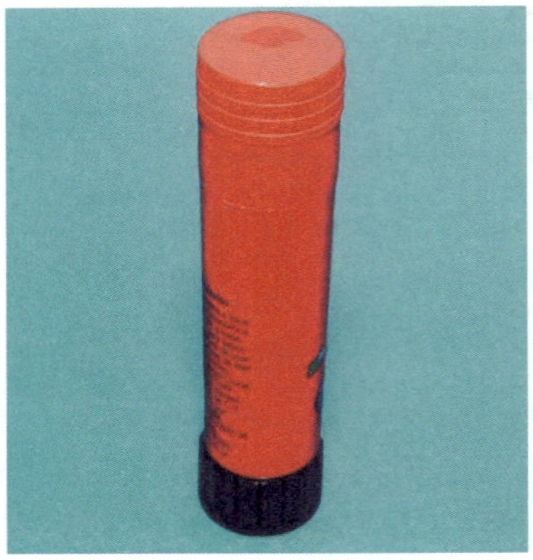

DO ALTO, EXATAMENTE DE CIMA PARA BAIXO

Fotos: Hely Demutti/Arquivo da editora

1. O OBJETO É O MESMO, MAS O QUE MUDOU? OBSERVE A POSIÇÃO DA QUAL O OBJETO FOI FOTOGRAFADO.

2. ESCREVA O NOME DE ALGUNS MÓVEIS OU OBJETOS COMUNS NOS CÔMODOS DA SUA MORADIA.

COZINHA	SALA	QUARTO

3. COM O PROFESSOR, ESCOLHA UM DOS MÓVEIS OU OBJETOS DA ATIVIDADE ANTERIOR PARA DESENHAR NO CADERNO.

OS OBJETOS FORAM REPRESENTADOS DE MANEIRAS DIFERENTES. VEJA POR QUÊ.

Fotos: Fernando Favoretto/Acervo do Fotógrafo

AS REPRESENTAÇÕES DE UM MESMO OBJETO PODEM SER DIFERENTES, POIS DEPENDEM DA POSIÇÃO DA QUAL O OBJETO É VISTO.

- AGORA, OBSERVE AS IMAGENS ABAIXO E ENCONTRE OS MESMOS OBJETOS REPRESENTADOS DE MANEIRAS DIFERENTES. LIGUE OS OBJETOS DA ESQUERDA AOS DA DIREITA.

Hely Demutti/Arquivo da editora

Hely Demutti/Arquivo da editora

Sérgio Dotta Jr./Arquivo da editora

Hely Demutti/Arquivo da editora

Hely Demutti/Arquivo da editora

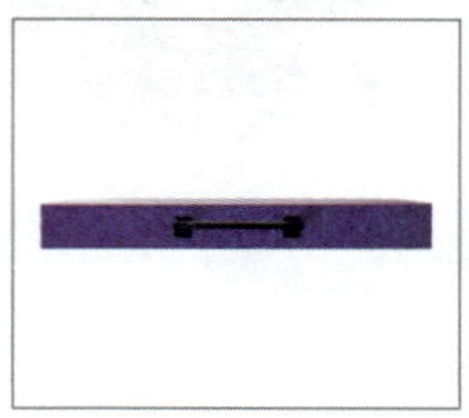
Sérgio Dotta Jr./Arquivo da editora

Hely Demutti/Arquivo da editora

Hely Demutti/Arquivo da editora

DESAFIO

VAMOS TRABALHAR COM OS DIFERENTES PONTOS DE VISTA E COM FIGURAS GEOMÉTRICAS. VAMOS TAMBÉM MODELAR ESSAS FIGURAS!

VEJA SE VOCÊ CONSEGUE IDENTIFICAR CADA UM DOS OBJETOS EM DIFERENTES PONTOS DE VISTA.

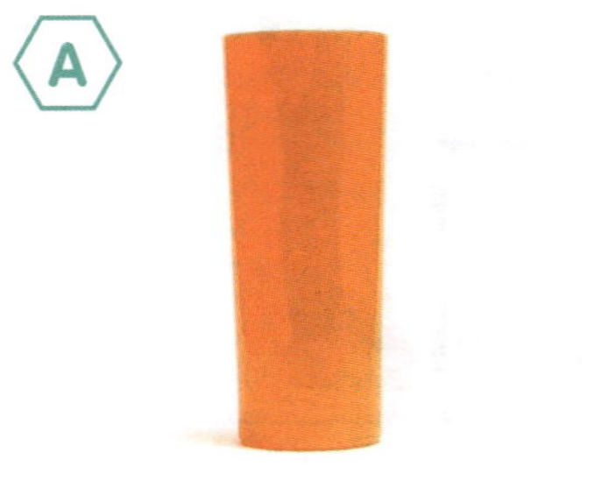

Fernando Favoretto/Acervo do Fotógrafo

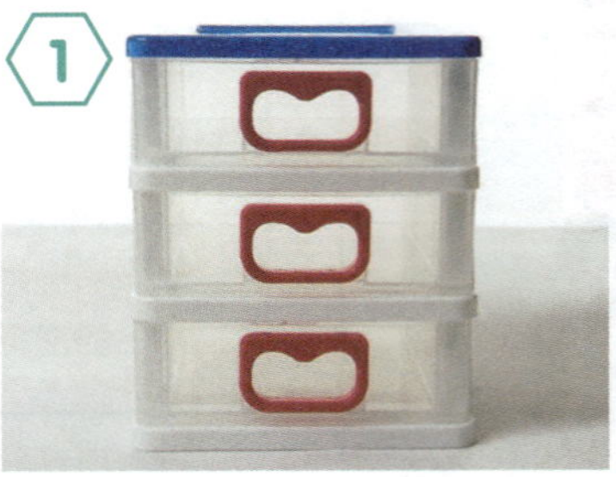

Sérgio Dotta Jr./Arquivo da editora

Hely Demutti/Arquivo da editora

Hely Demutti/Arquivo da editora

Sérgio Dotta Jr./Arquivo da editora

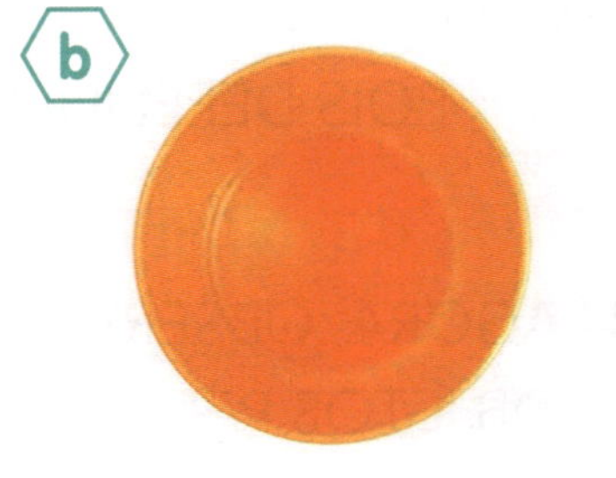

Fernando Favoretto/Acervo do Fotógrafo

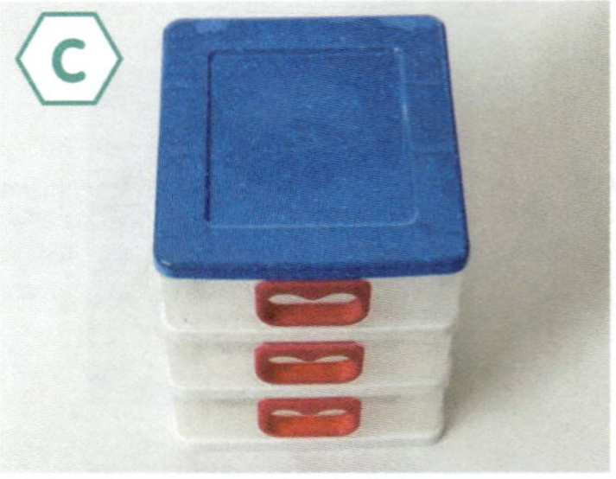

Sérgio Dotta Jr./Arquivo da editora

Fernando Favoretto/Acervo do Fotógrafo

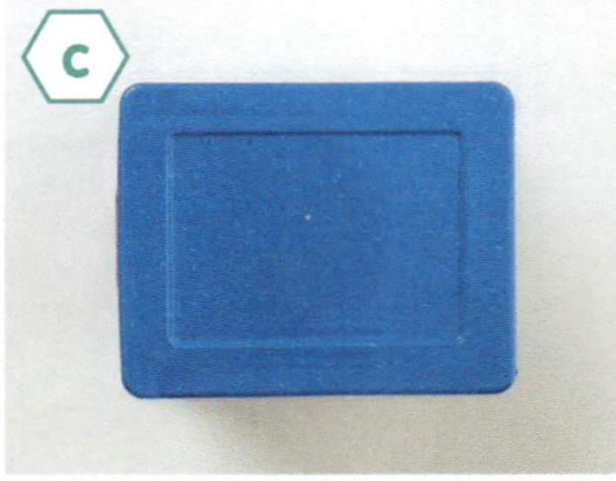

Sérgio Dotta Jr./Arquivo da editora

Sérgio Dotta Jr./Arquivo da editora

Hely Demutti/Arquivo da editora

Hely Demutti/Arquivo da editora

Hely Demutti/Arquivo da editora

Hely Demutti/Arquivo da editora

Sérgio Dotta Jr./Arquivo da editora

1 COM A AJUDA DO PROFESSOR, ENCONTRE OS OBJETOS DA PÁGINA AO LADO NOS DIFERENTES PONTOS DE VISTA E ESCREVA SUA IDENTIFICAÇÃO NO LOCAL CORRETO, NO QUADRO ABAIXO.

VEJA NO MODELO COMO VOCÊ VAI PREENCHER O QUADRO.

DIFERENTES VISÕES / **OBJETO**	 **VISÃO DE FRENTE**	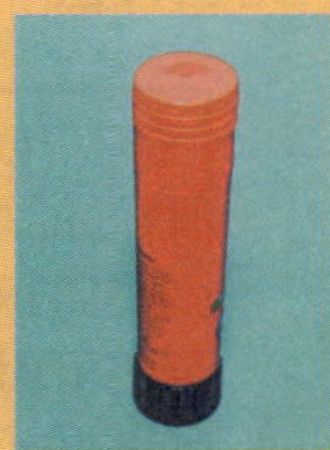 **VISÃO DO ALTO E DE LADO**	 **VISÃO DO ALTO, EXATAMENTE DE CIMA PARA BAIXO**
COPO	3	b	A
BANQUETA			
DADO			
VASO DE FLOR			
GAVETEIRO			

Fotos: Hely Demutti/ Arquivo da editora

2 OBSERVE QUE AS VISÕES DE ALGUNS OBJETOS APRESENTADOS NA PÁGINA AO LADO TÊM FORMAS GEOMÉTRICAS DIFERENTES: QUADRADA, RETANGULAR E CIRCULAR.

A) NO CADERNO, DESENHE AS TRÊS FIGURAS GEOMÉTRICAS PLANAS QUE TÊM ESSAS FORMAS.

B) AGORA, COM A AJUDA DO PROFESSOR, MODELE AS FIGURAS GEOMÉTRICAS ESPACIAIS QUE TÊM A FORMA DOS OBJETOS.

C) COM O PROFESSOR, VEJA O NOME DAS NOVAS FIGURAS GEOMÉTRICAS ESPACIAIS QUE A TURMA CONSTRUIU.

AGORA, VOCÊ VAI DESENHAR. OBSERVE OS OBJETOS ABAIXO. ELES FORAM FOTOGRAFADOS DE DUAS POSIÇÕES DIFERENTES. VEJA OS PASSARINHOS.

1 A PRIMEIRA COLUNA MOSTRA OS OBJETOS FOTOGRAFADOS DE UMA POSIÇÃO E A SEGUNDA COLUNA MOSTRA OS MESMOS OBJETOS, MAS DE OUTRA POSIÇÃO. OBSERVE.

Félix Reiners/
Arquivo da editora

ESTE DESENHO INDICA QUE A FOTO FOI TIRADA DO ALTO E DE LADO.

ESTE DESENHO INDICA QUE A FOTO FOI TIRADA DO ALTO, EXATAMENTE DE CIMA PARA BAIXO.

FAÇA AQUI SUA REPRESENTAÇÃO.

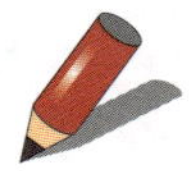

Sérgio Dotta Jr./Arquivo da editora

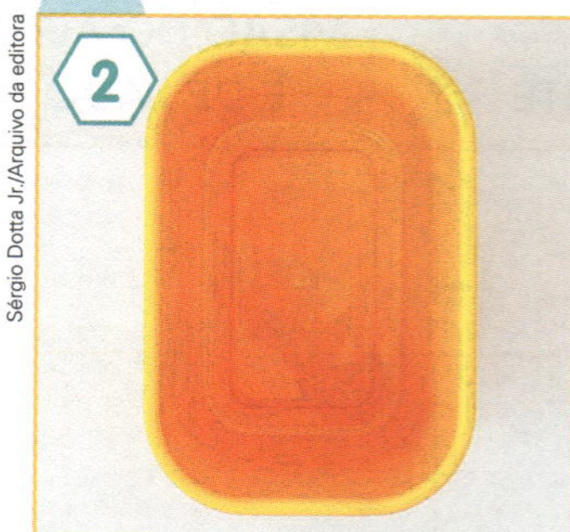

Sérgio Dotta Jr./Arquivo da editora

André Toledo Sader/Acervo da autora

André Toledo Sader/Acervo da autora

Sérgio Dotta Jr./Arquivo da editora

Sérgio Dotta Jr./Arquivo da editora

2 NA TERCEIRA COLUNA, DESENHE SOMENTE OS OBJETOS FOTOGRAFADOS DO ALTO, EXATAMENTE DE CIMA PARA BAIXO.

LUGARES PARA MORAR

HÁ NO MUNDO DIFERENTES MANEIRAS DE VIVER E DE MORAR.

A MORADIA É IMPORTANTE PORQUE ELA PROTEGE E SERVE DE ABRIGO PARA AS PESSOAS. É TAMBÉM O LUGAR ONDE SE CONVIVE COM FAMILIARES E AMIGOS.

1 PREENCHA A FICHA ABAIXO COM SEU NOME E ENDEREÇO.

MEU ENDEREÇO

NOME:

NOME DA RUA:

NÚMERO DA CASA OU DO PRÉDIO: NÚMERO DO APARTAMENTO:

BAIRRO:

CIDADE:

ESTADO: CEP:

2 DESENHE A SUA MORADIA POR FORA, VISTA DE FRENTE.

3 PARA CONSTRUIR UMA MORADIA, SÃO USADOS DIFERENTES MATERIAIS.

A) VEJA:

- TIJOLO
- MADEIRA
- GRANITO
- BLOCO
- TELHA
- PALHA
- AREIA
- FERRO
- FOLHA DE ZINCO
- CAL
- VIDRO
- CIMENTO

B) QUAIS DESSES MATERIAIS FORAM USADOS NA CONSTRUÇÃO DA SUA MORADIA? PINTE DE **VERMELHO** NA LISTA ACIMA E ACRESCENTE OUTROS, SE NECESSÁRIO, NO ESPAÇO ABAIXO.

C) PERGUNTE A UMA PESSOA ADULTA QUE MORA COM VOCÊ QUAIS PROFISSIONAIS TRABALHAM NA CONSTRUÇÃO DE UMA MORADIA. ANOTE A SEGUIR O QUE VOCÊ DESCOBRIU.

D) CIRCULE NA LISTA ACIMA O PROFISSIONAL QUE VOCÊ ACHOU MAIS INTERESSANTE. CONVERSE COM OS COLEGAS E O PROFESSOR: O QUE ELE FAZ?

MINHA COLEÇÃO DE PALAVRAS DE GEOGRAFIA

O GRANITO É UM MATERIAL MUITO USADO NA CONSTRUÇÃO DE CASAS.

GRANITO

1 O QUE É GRANITO?

2 COMO O GRANITO É USADO NA CONSTRUÇÃO DE CASAS?

4 MUITAS MORADIAS SÃO CONSTRUÍDAS COM MATERIAIS TIRADOS DIRETAMENTE DA NATUREZA E MOSTRAM DIFERENTES MODOS DE VIVER. AS MORADIAS VARIAM DE UM LUGAR PARA O OUTRO.

- QUAIS FORAM OS PRINCIPAIS MATERIAIS UTILIZADOS NA CONSTRUÇÃO DAS MORADIAS ABAIXO?

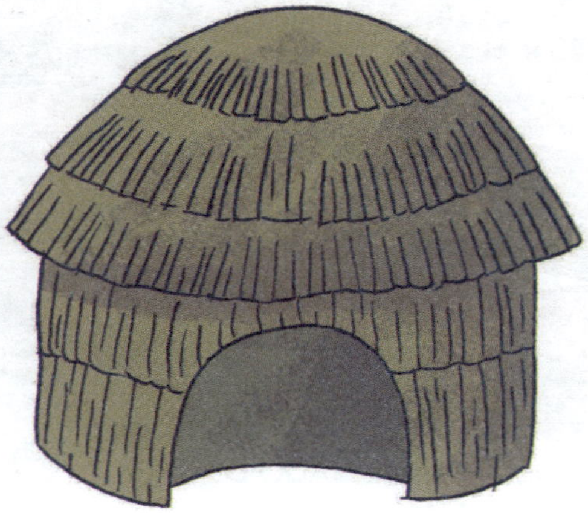

5 HÁ MORADIAS QUE FORAM CONSTRUÍDAS COM MATERIAL TRANSFORMADO PELA INDÚSTRIA. NAS IMAGENS ABAIXO, ANOTE O NOME DO PRINCIPAL MATERIAL UTILIZADO.

Ilustrações: Léo Fanelli/Arquivo da editora

VOCÊ JÁ APRESENTOU AS PESSOAS QUE MORAM COM VOCÊ, FALOU DELAS E MOSTROU UM POUCO DE SUA MORADIA.

ASSIM COMO VOCÊ TEM UMA FAMÍLIA E UMA MORADIA, EXISTEM OUTRAS FAMÍLIAS QUE VIVEM EM MORADIAS DIFERENTES.

OBSERVE ALGUNS TIPOS DE MORADIA NO BRASIL.

VIANA/Futura Press

DIADEMA, NO ESTADO DE SÃO PAULO, 2015.

Cândido Neto/Opção Brasil Imagens

TERESINA, NO ESTADO DO PIAUÍ, 2014.

João Prudente/Opção Brasil Imagens

FELIZ, NO ESTADO DO RIO GRANDE DO SUL, 2016.

Lula Sampaio/Opção Brasil Imagens

FORTALEZA, NO ESTADO DO CEARÁ, 2016.

1. QUAIS DESSES TIPOS DE MORADIA EXISTEM NO LUGAR ONDE VOCÊ MORA? ANOTE OS NÚMEROS.

____

2. QUAL TIPO DE MORADIA VOCÊ GOSTARIA DE CONHECER? POR QUÊ?

____

OBSERVE ALGUNS TIPOS DE MORADIA EM OUTROS PAÍSES E ONDE ELES SE LOCALIZAM.

N. CIRANI/De Agostini/Getty Images

NÍGER, 2016.

Dan Hanscom/Alamy/Fotoarena

CHINA, 2014.

Sergey Karpov/Alamy/Fotoarena

CANADÁ, 2016.

Zoonar/Werner Roelandt/Alamy/Fotoarena

GRÉCIA, 2016.

1. VOCÊ JÁ VIU MORADIAS PARECIDAS COM ESSAS EM LIVROS, REVISTAS, NA INTERNET OU NA TELEVISÃO? QUAL DELAS? ANOTE O NÚMERO DA FOTO DA MORADIA E O NOME DO PAÍS.

____

____

2. PROCURE EM JORNAIS, REVISTAS E NA INTERNET FOTOS DE OUTROS TIPOS DE MORADIA NO BRASIL E EM OUTROS PAÍSES. ORGANIZE O MATERIAL COM O PROFESSOR.

SAIBA MAIS

AS OBRAS DE ARTE A SEGUIR MOSTRAM DIFERENTES TIPOS DE MORADIA. CADA ARTISTA FEZ A PINTURA DE SEU JEITO, EM SEU ESTILO.

Acervo do Museu Lasar Segall/Ibram/Minc

CASA NA FLORESTA, PINTURA DE LASAR SEGALL, 1931.

Mirian Nunes Marques/Arquivo da editora

ROÇA, PINTURA DE MIRIAN NUNES MARQUES, 1999.

1. DE QUAL OBRA DE ARTE VOCÊ GOSTOU MAIS? POR QUÊ? FALE PARA A CLASSE.
2. AGORA VOCÊ É O ARTISTA. DESENHE A MORADIA DOS SEUS SONHOS E DÊ UM ENDEREÇO PARA ELA.

ENDEREÇO: ______________________________

VOCÊ VIU QUE OS TIPOS DE MORADIA TÊM RELAÇÃO COM A NATUREZA. AGORA VAMOS VER A INFLUÊNCIA DA NATUREZA NOS HÁBITOS E COSTUMES DAS PESSOAS.

1 PINTE DE **AZUL** O QUE AS PESSOAS USAM OU FAZEM EM LUGARES ONDE FAZ MUITO FRIO.
PINTE DE **VERMELHO** O QUE AS PESSOAS USAM OU FAZEM EM LUGARES QUENTES.

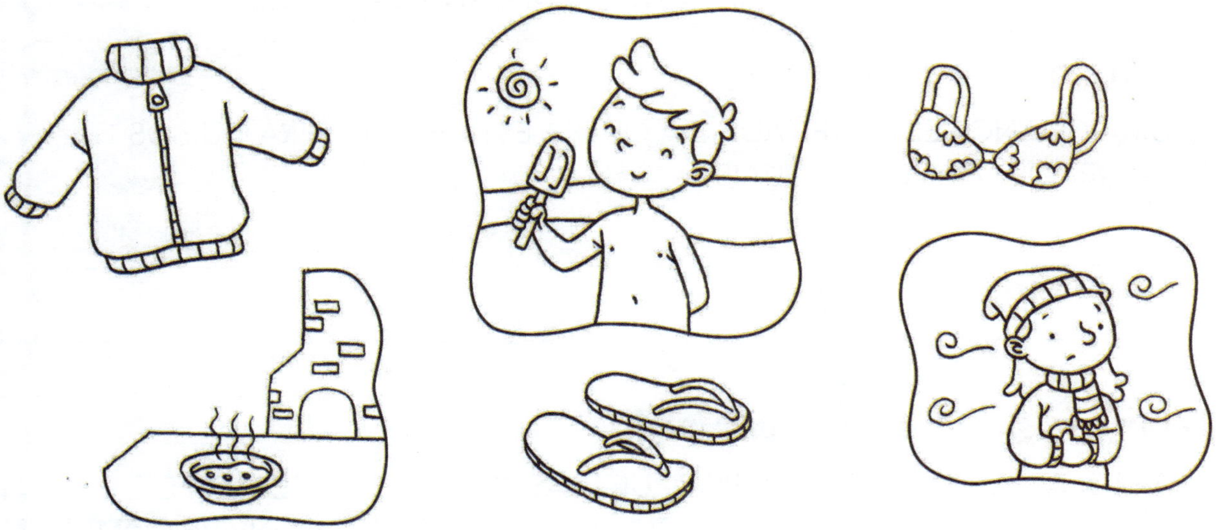

Ilustrações: Léo Fanelli/Arquivo da editora

2 RELACIONE OS LUGARES COM OS COSTUMES DAS PESSOAS. OBSERVE AS ILUSTRAÇÕES ABAIXO E RESPONDA ÀS QUESTÕES.

Ilustrações: Léo Fanelli/Arquivo da editora

- QUAIS DESENHOS REPRESENTAM OS COSTUMES DAS PESSOAS EM:

A) QUALQUER LUGAR DO MUNDO? ______________________________

B) LUGARES FRIOS? ______________________________

C) LUGARES QUENTES? ______________________________

O QUE ESTUDAMOS

EU ESCREVO E APRENDO

AS FRASES ABAIXO APARECEM NOS CAPÍTULOS DA UNIDADE 1. ESCREVA, EMBAIXO DE CADA UMA DELAS, OUTRA FRASE SOBRE O QUE VOCÊ MAIS GOSTOU DE APRENDER EM CADA CAPÍTULO.

CAPÍTULO 1 – VIVA A DIFERENÇA

UMA CRIANÇA ESTÁ DEITADA E A OUTRA ESTÁ EM PÉ. SERÁ QUE OS CONTORNOS DELAS SÃO IGUAIS?

____

____

CAPÍTULO 2 – MORAR E CONVIVER

A MORADIA É IMPORTANTE PORQUE ELAS PROTEGEM E SERVEM DE ABRIGO PARA AS PESSOAS. É TAMBÉM O LUGAR ONDE SE CONVIVE COM FAMILIARES E AMIGOS.

____

____

MINHA COLEÇÃO DE PALAVRAS DE GEOGRAFIA

EM CADA CAPÍTULO DESTA UNIDADE HÁ UMA PALAVRA DESTACADA. COM ELAS VOCÊ FEZ ATIVIDADES PARA SABER COMO UTILIZÁ-LAS QUANDO PRECISAR ESCREVER UM PEQUENO TEXTO DE GEOGRAFIA. VOCÊ VAI AGORA PREENCHER UM QUADRO COM AS PALAVRAS AO LADO.

TRADIÇÃO, PÁGINA 15.

GRANITO, PÁGINA 32.

1. O QUE VOCÊ APRENDEU COM ESSAS DUAS PALAVRAS? DISCUTA COM OS COLEGAS.
2. EM UM QUADRO NO CADERNO, ESCREVA ESSAS DUAS PALAVRAS E O SIGNIFICADO DE CADA UMA DELAS. O SIGNIFICADO DEVE ESTAR LIGADO AO QUE VOCÊ APRENDEU NO CAPÍTULO.

EU DESENHO E APRENDO

1 OS DESENHOS ABAIXO REPRESENTAM ASSUNTOS IMPORTANTES ESTUDADOS EM CADA CAPÍTULO DA UNIDADE 1. OBSERVE-OS ATENTAMENTE.

CAPÍTULO 1
VIVA A DIFERENÇA

CAPÍTULO 2
MORAR E CONVIVER

Ilustrações: Ilustra Cartoon/Arquivo da editora

2 AGORA É A SUA VEZ! PARA CADA CAPÍTULO, FAÇA UM DESENHO DO QUE VOCÊ MAIS GOSTOU DE ESTUDAR OU ACHOU IMPORTANTE CONHECER NESTA UNIDADE. SE PREFERIR, FAÇA UMA COLAGEM.

CAPÍTULO 1	CAPÍTULO 2

HORA DE ORGANIZAR O QUE ESTUDAMOS

AS PESSOAS SÃO DIFERENTES, POR ISSO É PRECISO RESPEITAR AS DIFERENÇAS

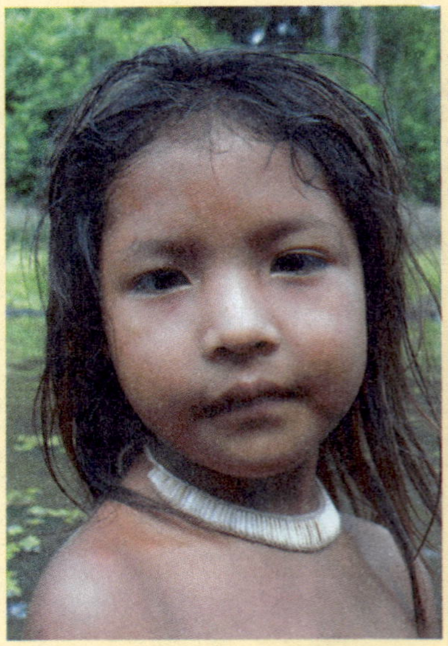

Renato Soares/Pulsar Imagens

MEU NOME É JANAÍNA. NASCI NO ESTADO DE MATO GROSSO.

ERIC LAFFORGUE/Alamy/Fotoarena

MEU NOME É RANIA. NASCI NO IRÃ.

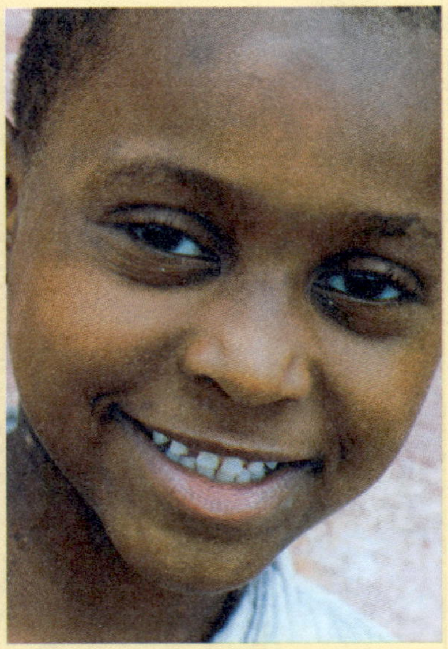

Thomas Cockrem/Alamy/Fotoarena

MEU NOME É PEDRO. NASCI EM MOÇAMBIQUE.

COMO DESENHAR O CONTORNO DO CORPO DEITADO E EM PÉ

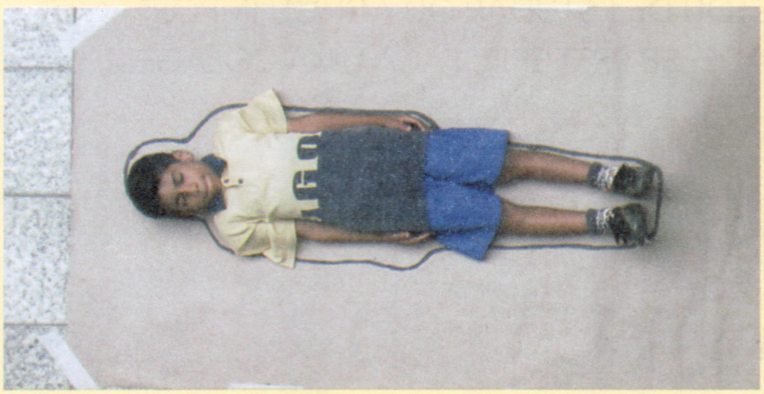

Hely Demutti/Arquivo da editora

PONTOS DE VISTA

Fotos: Sérgio Dotta Jr./Arquivo da editora

TIPOS DE MORADIA NO BRASIL E NO MUNDO

Zooner/Werner Roelandt/Alamy/Fotoarena

GRÉCIA, 2016.

SUGESTÕES DE...

LIVROS

Panda Books/Acervo da editora

KUNUMI GUARANI. WERA JEGUAKA MIRIM, PANDA BOOKS, 2014.

O AUTOR DESTE LIVRO É UM ADOLESCENTE INDÍGENA DE ORIGEM GUARANI. ELE PRETENDE MOSTRAR AOS LEITORES COMO É SUA ALDEIA, COMO É A MORADIA ONDE VIVE E O QUE ELE FAZ NO DIA A DIA.

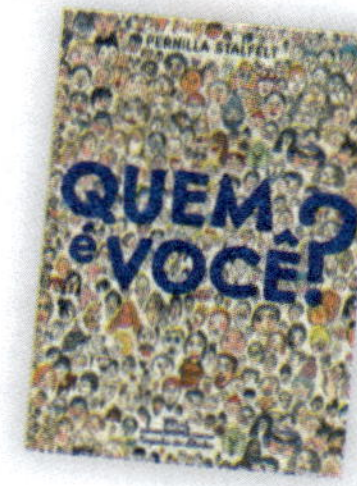

Companhia das Letrinhas/Acervo da Editora

QUEM É VOCÊ?. PERNILLA STALFELT, COMPANHIA DAS LETRINHAS, 2016.

CADA PESSOA TEM UM JEITO DE VIVER, TEM UMA HISTÓRIA. ESTE LIVRO FALA SOBRE AS DIFERENÇAS E A IMPORTÂNCIA DE RESPEITAR AS PESSOAS QUE SÃO DIFERENTES DE NÓS. TUDO ISSO COM ILUSTRAÇÕES ALEGRES E DIVERTIDAS.

Brinque-Book/Acervo da Editora

TAPAJÓS. FERNANDO VILELA, BRINQUE-BOOK, 2015.

OS GAROTOS CAUÃ E INAÊ VIVEM EM UM PEQUENO POVOADO ÀS MARGENS DO RIO TAPAJÓS, EM UMA CASA DE PALAFITA. O LIVRO NARRA AS AVENTURAS DOS DOIS IRMÃOS E DE SEU JABUTI DE ESTIMAÇÃO, NO AMBIENTE DA FLORESTA.

SITE

www.museus.art.br

COLEÇÃO DE AUTORRETRATOS. DISPONÍVEL EM: <www.museus.art.br/>. ACESSO EM: 23 JUN. 2017.

ESTE *SITE* APRESENTA AUTORRETRATOS PRODUZIDOS POR DIVERSOS ARTISTAS BRASILEIROS. PARA VISUALIZÁ-LOS, BASTA CLICAR NO NOME DE CADA ARTISTA NA COLUNA À ESQUERDA.

FILME

A CASA. DIREÇÃO: ANDRÉS LIEBAN. BRASIL, 2004. DURAÇÃO: 3 MIN. DISPONÍVEL EM: <http://portacurtas.org.br/>. ACESSO EM: 23 JUN. 2017.

ESTA PEQUENA ANIMAÇÃO MOSTRA UM MÍMICO CONSTRUINDO UMA MORADIA AO SOM DA CANÇÃO "A CASA", DE VINICIUS DE MORAES. O DESAFIO É ENXERGAR A MORADIA SENDO CONSTRUÍDA!

PARA VOCÊ REFLETIR E CONVERSAR

- DE QUAL ASSUNTO VOCÊ GOSTOU MAIS NESTA UNIDADE?
- VOCÊ TEVE DIFICULDADE PARA ENTENDER ALGUMA ATIVIDADE OU EXPLICAÇÃO?
- ESCOLHA A IMAGEM DE QUE VOCÊ MAIS GOSTOU NESTA UNIDADE. CONTE AOS COLEGAS O MOTIVO DE SUA ESCOLHA.

UNIDADE 2

LOCALIZAR E REPRESENTAR ESPAÇOS

- VOCÊ ACHA QUE EM OUTROS PAÍSES DO MUNDO AS MORADIAS E AS ESCOLAS SÃO MUITO DIFERENTES?
- AS CRIANÇAS ESTÃO FAZENDO REPRESENTAÇÕES DA SALA DE AULA ONDE ESTUDAM. VOCÊ SABE COMO DESENHAR SUA SALA DE AULA?
- E OS SINAIS DE TRÂNSITO? ELES SÃO IMPORTANTES PARA O DIA A DIA DAS PESSOAS? POR QUÊ?

CAPÍTULO 3

ESTUDAR E CONVIVER

PARA INICIAR

COMO É SEU DIA A DIA NA ESCOLA? ACOMPANHE A LEITURA DO POEMA ABAIXO PELO PROFESSOR.

A ESCOLA

TODO DIA NA ESCOLA,
O PROFESSOR, A PROFESSORA,
A GENTE APRENDE E BRINCA MUITO
COM DESENHO, TINTA E COLA.
[...]
QUANDO CHEGA O RECREIO,
TUDO VIRA BRINCADEIRA,
COMO BOLO, TOMO O SUCO
QUE VÊM DENTRO DA LANCHEIRA.
QUANDO TOCA O SINAL,
NOSSA AULA CHEGA AO FIM,
ATÉ AMANHÃ, AMIGUINHOS,
NÃO SE ESQUEÇAM, NÃO,
DE MIM...

Alessandra Tozzi/Arquivo da editora

CLÁUDIO THEBAS. **AMIGOS DO PEITO**. BELO HORIZONTE: FORMATO, 2009. P. 8-9.

1 O QUE VOCÊ MAIS GOSTA DE FAZER NA ESCOLA?

2 QUAL É SUA BRINCADEIRA PREFERIDA NO RECREIO?

ESCOLA: LUGAR PARA CONVIVER

A ESCOLA É O LUGAR ONDE VOCÊ ESTUDA, APRENDE A LER E A ESCREVER, BRINCA E FAZ MUITAS OUTRAS ATIVIDADES.

VOCÊ TAMBÉM CONHECE PESSOAS E CONVIVE COM OS COLEGAS DA CLASSE, COM OUTRAS CRIANÇAS E COM OS FUNCIONÁRIOS DA ESCOLA.

FAZ AMIZADES, TRABALHA EM GRUPO, APRENDE A RESPEITAR A OPINIÃO DE OUTRAS PESSOAS, MAS TAMBÉM EXPRESSA OPINIÕES PRÓPRIAS. VAMOS CONVERSAR SOBRE SUA ESCOLA?

1 COM A AJUDA DO PROFESSOR, PREENCHA A FICHA ABAIXO.

NOME DA ESCOLA: ______________________

____

RUA E NÚMERO: ______________________

BAIRRO: ______________________

CIDADE: ______________________

ESTADO: ______________ CEP: ______________

TELEFONE: ______________________

2 DISCUTA AS QUESTÕES A SEGUIR COM OS COLEGAS E O PROFESSOR.

A) COMO É A ESCOLA ONDE VOCÊ ESTUDA?

B) DO QUE VOCÊ MAIS GOSTA NELA?

C) O QUE VOCÊ MUDARIA NELA? POR QUÊ?

3 COM DOIS COLEGAS, ESCREVA NO CADERNO UM TEXTO SOBRE A ESCOLA. LEMBREM-SE DO QUE VOCÊS RESPONDERAM NA ATIVIDADE 2.

4 DISCUTA COM OS COLEGAS E O PROFESSOR ALGUMAS REGRAS DE CONVÍVIO NA ESCOLA. DEPOIS, FAÇAM UMA LISTA DE REGRAS PARA COLOCAR NO MURAL DA SALA DE AULA.

EXISTEM DIFERENTES TIPOS DE SALA DE AULA, COMO VOCÊ PODE VER NAS FOTOS A SEGUIR.

Marcos André/Opção Brasil Imagens

1 SALA DE AULA EM TURMALINA, NO ESTADO DE MINAS GERAIS, 2015.

João Prudente/Pulsar Imagens

3 SALA DE AULA EM SUMARÉ, NO ESTADO DE SÃO PAULO, 2014.

Delfim Martins/Pulsar Imagens

2 SALA DE AULA EM FLORESTA, NO ESTADO DE PERNAMBUCO, 2016.

Delfim Martins/Pulsar Imagens

4 SALA DE AULA EM SÃO FÉLIX DO XINGU, NO ESTADO DO PARÁ, 2016.

1. QUAIS SÃO AS SEMELHANÇAS E AS DIFERENÇAS ENTRE AS SALAS DE AULA DAS FOTOS? DISCUTA COM OS COLEGAS.

2. A SALA DE AULA ONDE VOCÊ ESTUDA SE PARECE COM QUAL DESTAS ACIMA? POR QUÊ?

____

____

VOCÊ VAI FALAR AGORA SOBRE SEUS COLEGAS DA SALA DE AULA.

VOCÊ VAI CONHECER TAMBÉM O TRABALHO DOS FUNCIONÁRIOS DA ESCOLA E COMPREENDER A IMPORTÂNCIA DAS ATIVIDADES DESSAS PESSOAS NO SEU DIA A DIA.

1 EM RELAÇÃO A SEUS COLEGAS DE CLASSE, RESPONDA:

A) QUANTOS MENINOS E MENINAS HÁ NA CLASSE? SOME O TOTAL.

____

____

B) AGORA VOCÊ E OS COLEGAS VÃO CONSTRUIR UM MURAL COM O NÚMERO DE MENINOS E MENINAS DA CLASSE. SIGA AS ORIENTAÇÕES DO PROFESSOR E VEJA COMO VAI FICAR.

Léo Fanelli/Arquivo da editora

2 NA ESCOLA, HÁ VÁRIOS FUNCIONÁRIOS. COM UM COLEGA, ESCOLHA UM FUNCIONÁRIO E PROCURE SABER AS SEGUINTES INFORMAÇÕES SOBRE ELE.

- NOME: ____
- PROFISSÃO: ____
- POR QUE O TRABALHO DESSA PESSOA É IMPORTANTE PARA A ESCOLA:

____

____

PESQUISE

AS PESSOAS NÃO VIVEM ISOLADAS. TODO MUNDO FAZ PARTE DE UM OU MAIS GRUPOS SOCIAIS. PODE SER A FAMÍLIA, OS AMIGOS DO BAIRRO, OS COLEGAS DE CLASSE.

VEJA DOIS EXEMPLOS DE GRUPOS SOCIAIS: UM JOGO DE FUTEBOL E UMA QUADRILHA DE FESTA JUNINA.

Renato Soares/Pulsar Imagens

CRIANÇAS DA ETNIA KAYAPÓ, ALDEIA MOYKARAKÔ, JOGANDO BOLA EM SÃO FÉLIX DO XINGU, NO ESTADO DO PARÁ, 2015.

João Prudente/Opção Brasil Imagens

FESTA JUNINA EM BUENO BRANDÃO, NO ESTADO DE MINAS GERAIS, 2016.

1. DISCUTA COM OS COLEGAS E O PROFESSOR AS QUESTÕES ABAIXO.
   A) DE QUE GRUPOS SOCIAIS VOCÊ PARTICIPA?
   B) ALÉM DE RESPEITO E COOPERAÇÃO, QUAIS OUTRAS ATITUDES AS PESSOAS DEVEM TER PARA UMA BOA CONVIVÊNCIA EM GRUPO?
   C) DOS GRUPOS APRESENTADOS NAS FOTOS, DE QUAL VOCÊ GOSTARIA DE PARTICIPAR? POR QUÊ?
2. PROCURE, EM JORNAIS E REVISTAS, UMA IMAGEM DE GRUPO SOCIAL.
   A) NA DATA COMBINADA, LEVE A IMAGEM PESQUISADA.
   B) COM TODAS AS IMAGENS, VOCÊ E OS COLEGAS FARÃO UM MURAL.
   C) NÃO SE ESQUEÇAM DE IDENTIFICAR O NOME DE CADA GRUPO E DE DAR UM TÍTULO AO TRABALHO.

MINHA SALA DE AULA

EM SUA MORADIA, NA RUA ONDE VOCÊ MORA, NA ESCOLA, HÁ MUITA COISA A SER VISTA. QUE TAL COMEÇAR PELA SALA DE AULA?

1. IMAGINE QUE VOCÊ ESTÁ NO CENTRO DA SALA DE AULA OLHANDO PARA A LOUSA, QUE ESTÁ NA FRENTE DA SALA. ESCREVA O QUE VOCÊ VÊ.

À SUA FRENTE ____________________

À SUA ESQUERDA

____

____

Léo Fanelli/Arquivo da editora

À SUA DIREITA

____

____

ATRÁS DE VOCÊ ____________________

2. AGORA IMAGINE QUE VOCÊ ESTÁ OLHANDO PARA O FUNDO DA SALA DE AULA. ESCREVA O QUE VOCÊ VÊ:

À SUA FRENTE ____________________

À SUA ESQUERDA

____

____

Léo Fanelli/Arquivo da editora

À SUA DIREITA

____

____

ATRÁS DE VOCÊ ____________________

3. PENSE E RESPONDA: FOI VOCÊ QUE MUDOU DE POSIÇÃO OU AS COISAS MUDARAM DE LUGAR?

4 AINDA IMAGINANDO QUE VOCÊ ESTÁ NO CENTRO DA SALA, OLHE PARA A LOUSA. OBSERVE A POSIÇÃO DO SOL ANTES E DEPOIS DO MEIO-DIA. PINTE DE **AMARELO** O QUADRINHO QUE INDICA A POSIÇÃO DO SOL.

ANTES DO MEIO-DIA

DEPOIS DO MEIO-DIA

Léo Fanelli/Arquivo da editora

DESAFIO

AGORA VAMOS OBSERVAR UM ESPAÇO MAIOR: O QUARTEIRÃO DA ESCOLA.

1 VOCÊ ESTÁ NA PORTA DE ENTRADA DA SUA ESCOLA. COM A AJUDA DO PROFESSOR, ENCONTRE O NOME DAS RUAS DO QUARTEIRÃO.

2 DEPOIS, ESCREVA O NOME DE CADA RUA DO QUARTEIRÃO DA SUA ESCOLA NO LOCAL INDICADO.

ATRÁS DA ESCOLA

RUA ______________________________

Léo Fanelli/Arquivo da editora

À MINHA ESQUERDA

RUA ______________________________

____

À MINHA DIREITA

RUA ______________________________

____

FRENTE DA ESCOLA

RUA ______________________________

REPRESENTAÇÃO DA SALA DE AULA

A SALA DE AULA PODE SER REPRESENTADA EM TAMANHO PEQUENO POR MEIO DE CONSTRUÇÕES EM MINIATURA OU MAQUETES.

ANA E VALÉRIA CONSTRUÍRAM UMA MAQUETE DA SALA DE AULA USANDO SUCATA. DEPOIS, DESENHARAM A SALA DE AULA NO PAPEL. OBSERVE AS FOTOS A SEGUIR.

Fernando Favoretto/Acervo do Fotógrafo

Acervo da autora/Arquivo da editora

MAQUETE PRONTA. FOTO TIRADA DO ALTO, DE CIMA PARA BAIXO.

Acervo da autora/Arquivo da editora

REPRESENTAÇÃO DA SALA DE AULA FEITA A PARTIR DA OBSERVAÇÃO DA MAQUETE.

1 ESCREVA O NOME DOS OBJETOS REPRESENTADOS NA MAQUETE DAS CRIANÇAS. ______________________________

____

2 FAÇA UM **X** NA RESPOSTA CORRETA. IMAGINE O PROFESSOR NESSA SALA DE AULA. A LOUSA ESTARÁ:

- [ ] À ESQUERDA DELE.
- [ ] ATRÁS DELE.
- [ ] À DIREITA DELE.
- [ ] À FRENTE DELE.

DEPOIS DE DESENHAR A SALA DE AULA, ANA E VALÉRIA ESCREVERAM O NOME DE CADA ALUNO NAS CARTEIRAS. OBSERVE COMO FICOU O DESENHO.

EM SEGUIDA, AS DUAS ALUNAS FIZERAM UMA BRINCADEIRA MUITO INTERESSANTE: DIZER O MAIS RÁPIDO POSSÍVEL ONDE OS COLEGAS ESTAVAM SENTADOS.

1 OBSERVE A ILUSTRAÇÃO E COMPLETE AS FRASES A SEGUIR.

A) SARA ESTÁ SENTADA

- À FRENTE DE ______________.
- ATRÁS DE ______________.
- À ESQUERDA DE ______________.
- À DIREITA DE ______________.

B) JONAS ESTÁ SENTADO

- À FRENTE DE ______________.
- ATRÁS DE ______________.
- À ESQUERDA DE ______________.
- À DIREITA DE ______________.

2 AGORA, APRESENTE UMA INDICAÇÃO DE ONDE ESTÃO SENTADOS:

A) CAIO: ______________________________

B) FERNANDO: ______________________________

3 A PROFESSORA DE ANA E DE VALÉRIA USOU SETAS COLORIDAS PARA MOSTRAR DE OUTRA MANEIRA ONDE OS ALUNOS ESTÃO SENTADOS. VEJA O QUE AS SETAS INDICAM.

ATRÁS — À FRENTE — À DIREITA — À ESQUERDA

A) COMPLETE AS FRASES CONSIDERANDO AS SETAS ACIMA.

- VALÉRIA SENTA-SE ➤ DE ______________________________.
- FERNANDO SENTA-SE ➤ DE ______________________________.
- JONAS SENTA-SE ➤ DE ______________________________.
- TIAGO SENTA-SE ➤ DE ______________________________.

B) AGORA VOCÊ VAI PINTAR AS FLECHAS:

- CAIO SENTA-SE ➤ DE TIAGO.
- PAULA SENTA-SE ➤ DE BRUNO.
- FÁBIO SENTA-SE ➤ DE ANA.
- VÍTOR SENTA-SE ➤ DE PATRÍCIA.

MINHA COLEÇÃO DE PALAVRAS DE GEOGRAFIA

NESTE CAPÍTULO VOCÊ VIU A MAQUETE E SUA REPRESENTAÇÃO POR MEIO DE FOTO E DESENHO. AGORA, VAMOS CONHECER UMA NOVA PALAVRA.

LEGENDA

1 O QUE É LEGENDA?

2 COM OS COLEGAS E O PROFESSOR, ENCONTRE EXEMPLOS DE LEGENDAS NESTE CAPÍTULO.

COM A ORIENTAÇÃO DO PROFESSOR, FORMEM GRUPOS DE QUATRO PESSOAS PARA REPRESENTAR A SALA DE AULA POR MEIO DE UMA MAQUETE. VEJAM O MODELO DA PÁGINA 51.

1 AGORA, VOCÊ VAI DESENHAR A MAQUETE QUE FOI FEITA PELO GRUPO.

- EM UMA FOLHA DE PAPEL AVULSA, FAÇA O DESENHO DA SALA DE AULA COM BASE NA MAQUETE QUE VOCÊS FIZERAM.
- PINTE OS MÓVEIS. ESCREVA SEU NOME E O NOME DOS COLEGAS NAS CARTEIRAS ONDE SE SENTAM.
- QUANDO TERMINAR, COLE O DESENHO NO ESPAÇO ABAIXO.

2 OBSERVE ATENTAMENTE SEU DESENHO E FAÇA O QUE SE PEDE.

A) ESCREVA QUEM SE SENTA:

- À SUA FRENTE: ____________.
- ATRÁS DE VOCÊ: ____________.
- À SUA DIREITA: ____________.
- À SUA ESQUERDA: ____________.

B) CIRCULE, EM SEU DESENHO, O LOCAL ONDE VOCÊ SE SENTA. PRESTE ATENÇÃO ÀS INDICAÇÕES DAS SETAS E COMPLETE AS FRASES.

ATRÁS | À FRENTE | À DIREITA | À ESQUERDA

- EU SENTO DE ______________________________.
- EU SENTO DE ______________________________.
- EU SENTO DE ______________________________.
- EU SENTO DE ______________________________.

SAIBA MAIS

EXISTEM OUTRAS FORMAS DE LOCALIZAR POSIÇÕES NA SALA DE AULA. VAMOS CONHECER MAIS UMA DELAS?

VEJA DE NOVO A SALA ONDE ANA E VALÉRIA ESTUDAM. NESTA IMAGEM, A SALA ESTÁ DIVIDIDA EM QUATRO PARTES.

1 VEJA UM EXEMPLO DE LOCALIZAÇÃO: PATRÍCIA 1A

2 AGORA, INDIQUE EM QUE PARTE DA SALA ESSES ALUNOS ESTÃO SENTADOS.

- FERNANDO: ______________________
- CAROLINA: ______________________
- TIAGO: ______________________

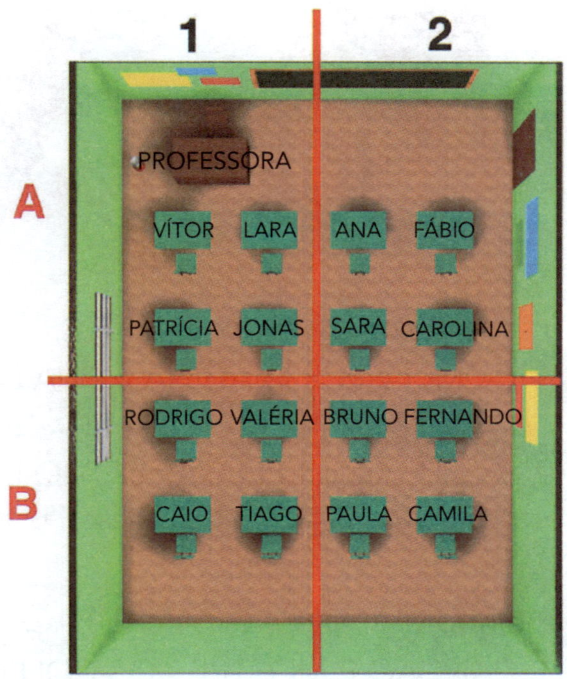

André Toledo Sader/© Acervo da autora

CAPÍTULO 4

AS RUAS E OS CAMINHOS

PARA INICIAR

LEIA, COM OS COLEGAS E O PROFESSOR, UM TRECHO DA LETRA DESTA CANÇÃO E DESCUBRA UMA RUA MUITO ESPECIAL!

A definição das palavras destacadas está no Glossário, **página 135.**

ATÉ PENSEI

JUNTO À MINHA RUA HAVIA UM BOSQUE
QUE UM MURO ALTO PROIBIA
LÁ TODO BALÃO CAÍA
TODA MAÇÃ NASCIA
E O DONO DO BOSQUE NEM VIA
[...]

CHICO BUARQUE. IN: **CHICO BUARQUE DE HOLLANDA**: VOLUME 3 [S.L.]: RGE, 1968. 1 CD. FAIXA 8.

Alessandra Tozzi/Arquivo da editora

1 COMO VOCÊ IMAGINA A RUA DA CANÇÃO?

2 EXISTE ALGUM LUGAR COMO ESTE NA RUA ONDE VOCÊ MORA? COMO ELE É?

3 EM UMA FOLHA À PARTE, FAÇA UM DESENHO PARA ILUSTRAR A CANÇÃO E MOSTRE AOS COLEGAS.

COMO É MINHA RUA

AS RUAS NÃO SÃO IGUAIS. CADA RUA TEM CARACTERÍSTICAS PRÓPRIAS. COMO É A SUA RUA? DÁ PARA BRINCAR NELA?

1 OBSERVE A RUA ONDE VOCÊ MORA E RESPONDA ÀS QUESTÕES.

A) COMO É A RUA DURANTE O DIA?

___

B) E À NOITE, COMO ELA É?

___

C) O QUE ACONTECE DE DIFERENTE NELA DURANTE A SEMANA?

___

___

2 ASSINALE COM UM **X** AS CARACTERÍSTICAS DA RUA ONDE VOCÊ MORA.

A) A RUA ONDE VOCÊ MORA É:

- [ ] MOVIMENTADA
- [ ] LIMPA
- [ ] CALMA
- [ ] ARBORIZADA
- [ ] ASFALTADA
- [ ] CONSERVADA

B) A RUA ONDE VOCÊ MORA TEM:

- [ ] ÁGUA ENCANADA
- [ ] LUZ ELÉTRICA
- [ ] CALÇADAS
- [ ] LINHA TELEFÔNICA
- [ ] REDE DE ESGOTOS
- [ ] COLETA DE LIXO

3 O QUE PODE SER FEITO PARA QUE SUA RUA SE TORNE UM LUGAR MELHOR E MAIS BONITO? CONVERSE COM SEUS COLEGAS E O PROFESSOR.

4 EM UMA FOLHA AVULSA, DESENHE UM TRECHO DE SUA RUA. DEPOIS, COMPARE SEU DESENHO COM O DOS COLEGAS.

DESAFIO

AS RUAS E OS LUGARES PODEM SOFRER MUITAS TRANSFORMAÇÕES AO LONGO DO TEMPO. OBSERVE ESTAS FOTOS DO MESMO LUGAR EM ÉPOCAS DIFERENTES.

Autor desconhecido/Arquivo da editora

LADEIRA DA MEMÓRIA, NO MUNICÍPIO DE SÃO PAULO, ESTADO DE SÃO PAULO, EM 1929.

Fábio Guinalz/Fotoarena

LADEIRA DA MEMÓRIA, EM 2017.

AS **MUDANÇAS** TRANSFORMAM, ALTERAM UM LUGAR. POR EXEMPLO: NOVAS CONSTRUÇÕES, COMO NOVOS PRÉDIOS ONDE HAVIA CASAS; RUAS SÃO ASFALTADAS E AMPLIADAS; PRAÇAS OU PARQUES SÃO CONSTRUÍDOS.

MAS HÁ TAMBÉM AS **PERMANÊNCIAS**, OU SEJA, O QUE FICA IGUAL, O QUE PERMANECE.

1 COMPARE AS DUAS FOTOS DA PÁGINA AO LADO. O QUE MUDOU E O QUE PERMANECEU IGUAL NESSE LUGAR?

MUDANÇAS	PERMANÊNCIAS

2 AGORA, VOCÊ VAI VER O QUE MUDOU NA SUA RUA. CONVERSE COM UMA PESSOA QUE MORA HÁ MUITO TEMPO NESSA RUA. SE NÃO HOUVER UMA PESSOA QUE CONHEÇA A HISTÓRIA DA RUA, FAÇA UMA PESQUISA NA INTERNET, COM A AJUDA DE UM ADULTO, SOBRE AS MUDANÇAS E AS PERMANÊNCIAS QUE OCORRERAM NELA.

MUDANÇAS	PERMANÊNCIAS

SINALIZAÇÃO NAS RUAS

NA MAIORIA DAS RUAS, EXISTEM **PLACAS DE SINALIZAÇÃO** E **SEMÁFOROS** QUE ORIENTAM MOTORISTAS, PEDESTRES, CICLISTAS E MOTOCICLISTAS E AJUDAM A EVITAR ACIDENTES DE TRÂNSITO.

ACOMPANHE A LEITURA DO PROFESSOR.

RESPEITEM OS SINAIS DE TRÂNSITO

A TODOS OS ALUNOS
AQUI EU QUERO AVISAR
QUE INDO OU VINDO DA ESCOLA
É BOM TOMAR MEU CONSELHO
SE VEEM O SINAL VERMELHO
NUNCA DEVEM ATRAVESSAR

QUEM ESPERA O SINAL VERDE
TEM SEGURANÇA E TEM SORTE
E, CHEGA EM CASA TRANQUILO
SEM ARRANHÃO E SEM CORTE

RESPEITEM O SINAL VERMELHO
E QUANDO O SINAL MUDAR
PARA O VERDE, PODE PASSAR
O SINAL VERDE DÁ SORTE

JOSÉ COSTA LEITE. **CORDEL PARA O TRÂNSITO**. COLÉGIO SOLEDADE, EM PAULISTA, ESTADO DE PERNAMBUCO, [S.D.].

1. O QUE SIGNIFICAM AS CORES DO SEMÁFORO?

____

____

2. SUBLINHE DE **VERMELHO** NO POEMA OS DOIS ÚLTIMOS VERSOS DA PRIMEIRA ESTROFE.

3. AGORA, SUBLINHE DE **VERDE** OS DOIS ÚLTIMOS VERSOS DA TERCEIRA ESTROFE.

VOCÊ VAI CONHECER ALGUMAS PLACAS DE SINALIZAÇÃO E ENTENDER O SIGNIFICADO DELAS.

1 OBSERVE AS PLACAS ABAIXO E VEJA O SIGNIFICADO DE CADA UMA DELAS.

SIGA EM FRENTE

VIRE À DIREITA

VIRE À ESQUERDA

AEROPORTO

CRIANÇAS

TRÂNSITO DE CICLISTAS

Fonte: Denatran/Ilustração digital/Arquivo da editora

2 RESPONDA ÀS QUESTÕES A SEGUIR.

A) NA RUA ONDE VOCÊ MORA, EXISTEM PLACAS IGUAIS A ESSAS OU OUTRAS PLACAS? QUAIS?

____

B) E NA RUA DA ESCOLA?

____

3 DESENHE UMA PLACA DIFERENTE DAS QUE FORAM APRESENTADAS E ESCREVA O SIGNIFICADO DELA.

____

____

____

4 ESCREVA UMA FRASE PARA CADA PLACA ABAIXO.

Fonte: Denatran/Ilustração digital/Arquivo da editora

____

____

____

____

____

____

OS LUGARES PODEM MUDAR MUITO COM O PASSAR DO TEMPO.

LUGARES QUE ANTIGAMENTE ERAM TRANQUILOS PODEM APRESENTAR UM TRÂNSITO MOVIMENTADO NOS DIAS ATUAIS. POR ISSO O TRÂNSITO PRECISA SER ORGANIZADO NESSES ESPAÇOS.

PARA ORGANIZAR O TRÂNSITO, AS PREFEITURAS INSTALAM FAIXAS DE PEDESTRE, PLACAS DE SINALIZAÇÃO, SEMÁFOROS, ENTRE OUTROS.

1 OBSERVE AS FOTOS ABAIXO. CIRCULE UMA SINALIZAÇÃO QUE VOCÊ ACHE MUITO IMPORTANTE E EXPLIQUE AOS COLEGAS A IMPORTÂNCIA DELA.

Reprodução/Coleção particular

Luciana Whitaker/Pulsar Imagens

NA FOTO 1, RUA SÃO CLEMENTE, NO MUNICÍPIO DO RIO DE JANEIRO, NO ESTADO DO RIO DE JANEIRO, 1904. NA FOTO 2, A MESMA RUA, EM 2017.

2 TODAS ESSAS MEDIDAS SÃO NECESSÁRIAS PARA EVITAR RISCOS À VIDA DE PESSOAS E ANIMAIS. VEJA OUTRAS PLACAS E CIRCULE AS QUE EXISTEM NO LUGAR ONDE VOCÊ MORA.

PARADA OBRIGATÓRIA

ESTACIONAMENTO REGULAMENTADO

ESCOLA

VELOCIDADE MÁXIMA

ANIMAIS

DESMORONAMENTO

OBRAS

PROIBIDO ULTRAPASSAR

Placas: Reprodução/Arquivo da editora

3 OBSERVE A ILUSTRAÇÃO ABAIXO. LIGUE AS PLACAS DE SINALIZAÇÃO AOS LOCAIS ADEQUADOS PARA ORGANIZAR O TRÂNSITO NESSE LUGAR. DEPOIS, PINTE O DESENHO.

Placas: Reprodução/Arquivo da editora

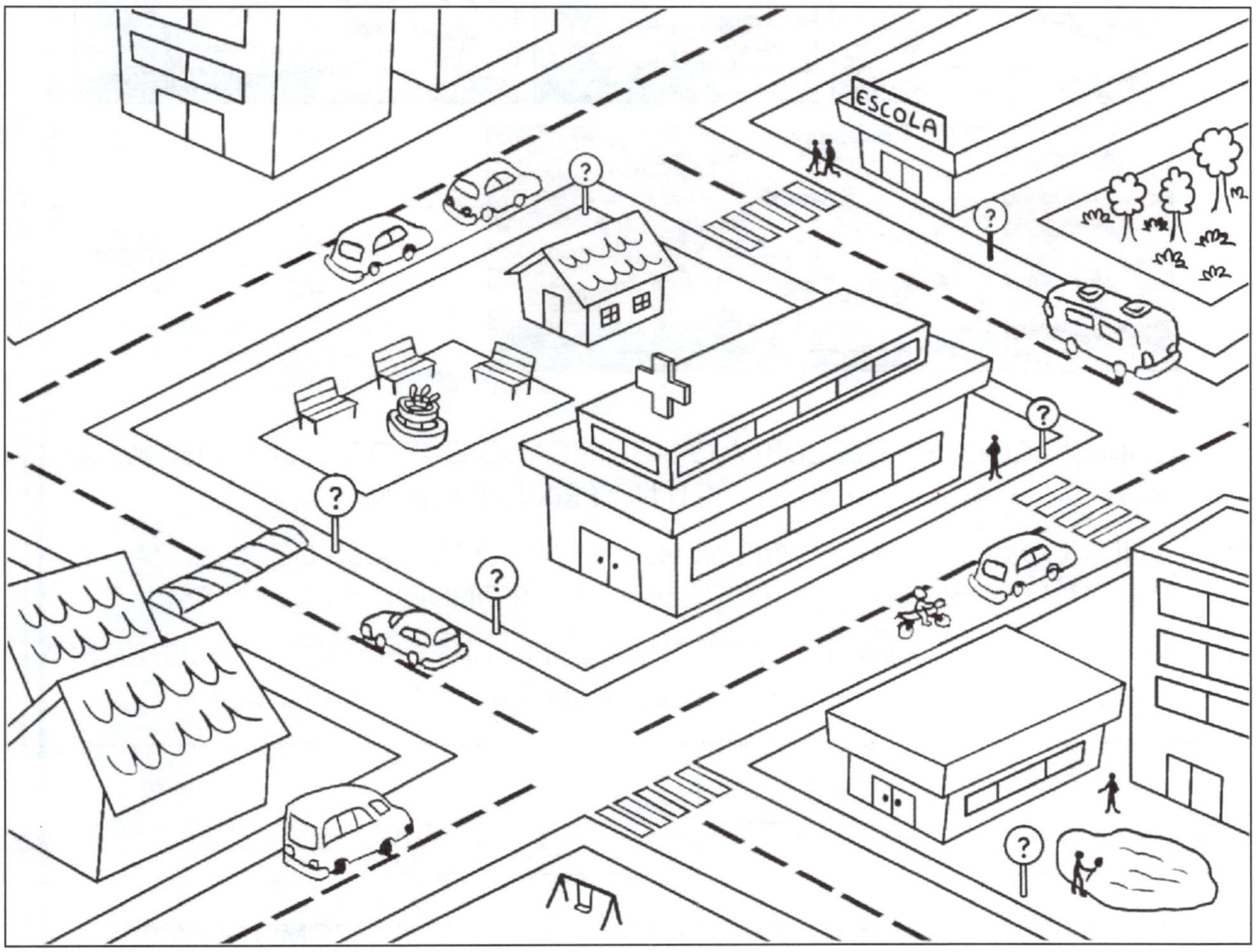

Léo Fanelli/Arquivo da editora

4 DISCUTA COM OS COLEGAS E O PROFESSOR AS QUESTÕES A SEGUIR.

A) O QUE VOCÊ FAZ QUANDO VAI ATRAVESSAR A RUA?

B) QUAL PLACA DA ATIVIDADE 2 INDICA CUIDADO OU PREOCUPAÇÃO COM O AMBIENTE?

ASSIM TAMBÉM APRENDO

LEIA A HISTÓRIA EM QUADRINHOS DO MENINO MALUQUINHO.

ZIRALDO. **AS MELHORES TIRADAS DO MENINO MALUQUINHO**. SÃO PAULO: MELHORAMENTOS, 2000.

1. COM UM COLEGA, DESCUBRA O SIGNIFICADO QUE O MENINO DEU A CADA UMA DAS PLACAS QUE ELE CRIOU NO PRIMEIRO QUADRINHO.
2. AINDA COM O COLEGA, CRIE NO CADERNO UMA PLACA DE SINALIZAÇÃO PARA UM PROBLEMA QUE EXISTE NO LUGAR ONDE VOCÊS MORAM.
3. AGORA, A CLASSE VAI JUNTAR TODAS AS PLACAS CRIADAS. DEPOIS, COM A AJUDA DO PROFESSOR, ORGANIZEM UM VARAL NA SALA DE AULA.

MINHA COLEÇÃO DE PALAVRAS DE GEOGRAFIA

SEMPRE QUE VOCÊ ANDA PELAS RUAS PODE PERCEBER COMO ESTÁ O TRÂNSITO.

TRÂNSITO

1. O QUE É TRÂNSITO?
2. COMO É O TRÂNSITO NA RUA DA ESCOLA ONDE VOCÊ ESTUDA?

TRAJETOS NO MEU DIA A DIA

PARA IR DE UM LUGAR A OUTRO, PERCORRE-SE UM CAMINHO OU UM **TRAJETO**. O TRAJETO PODE SER DA CASA À ESCOLA, DA CASA ATÉ O SUPERMERCADO, DO PARQUE ATÉ A PADARIA...

VOCÊ VAI VER OS CAMINHOS EM UMA SALA DE AULA E DEPOIS EM UMA ESCOLA.

1. VOCÊ SE LEMBRA DO DESENHO DA SALA DE AULA DE ANA E DE VALÉRIA? OBSERVE OS TRAJETOS NA SALA DE AULA. IDENTIFIQUE OS ALUNOS QUE ESTÃO LIGADOS PELAS LINHAS COLORIDAS E ESCREVA O NOME DELES.

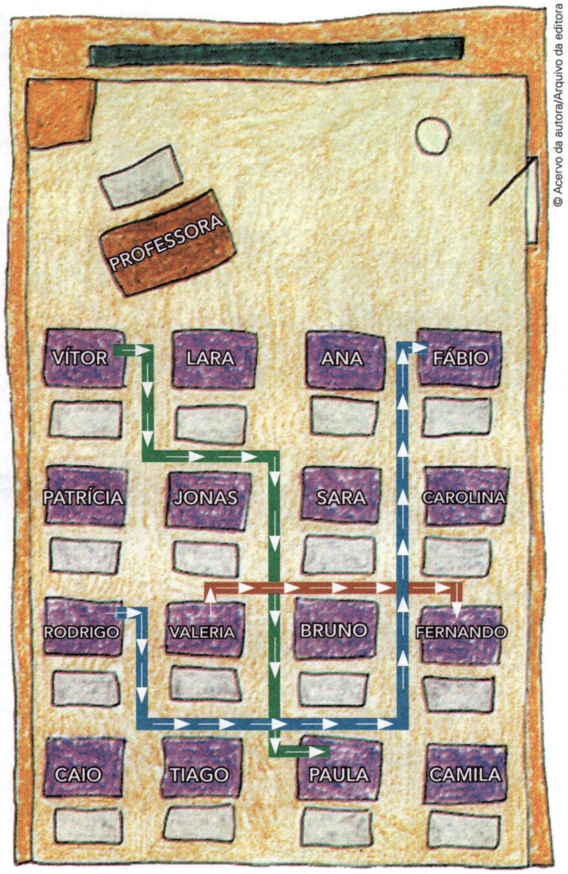

© Acervo da autora/Arquivo da editora

(verde) ___

(vermelho) ___

(azul) ___

2. CIRCULE O CAMINHO MAIS LONGO.

DA CARTEIRA DE CAMILA À DE LARA.	DA CARTEIRA DE PAULA À DE JONAS.

3. PINTE O CAMINHO MAIS CURTO.

DA CARTEIRA DE ANA À DE TIAGO.	DA CARTEIRA DE PATRÍCIA À DE CAIO.

CAIO ESTUDA NA SALA **B**, A MESMA SALA ONDE ESTUDAM ANA E VALÉRIA. VEJA OS DOIS CAMINHOS QUE CAIO PERCORREU DENTRO DA ESCOLA.

Félix Reiners/Arquivo da editora

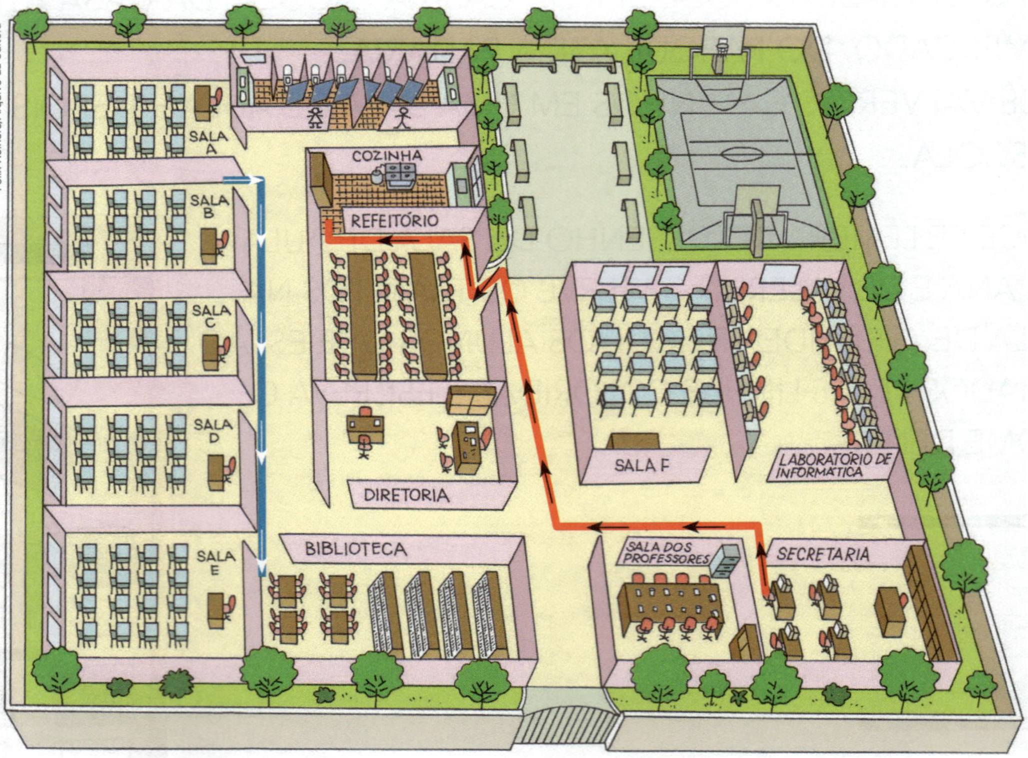

1 POR QUAIS LUGARES CAIO PASSOU PARA IR À BIBLIOTECA SAINDO DA SALA DE AULA?

2 POR QUAIS LUGARES ELE PASSOU PARA IR DA SECRETARIA ATÉ A COZINHA?

3 IMAGINE QUE LARA, COLEGA DE CAIO, ANA E VALÉRIA, TAMBÉM ESTÁ NA ESCOLA. JUNTE-SE A UM COLEGA PARA FAZER AS ATIVIDADES A SEGUIR. ESCOLHAM QUEM VAI INICIAR A ATIVIDADE.

A) ESCOLHA DOIS LUGARES NA ESCOLA: O LUGAR ONDE ESTÁ LARA E UM LUGAR PARA ONDE ELA VAI. PEÇA AO COLEGA QUE DIGA QUAL CAMINHO LARA DEVE FAZER. ANOTE O CAMINHO EM UM PEDAÇO DE PAPEL E ENTREGUE AO COLEGA.

B) AGORA É A VEZ DO COLEGA ESCOLHER DOIS LUGARES. VOCÊ DEVERÁ INDICAR UM CAMINHO QUE LARA VAI PERCORRER E SEU COLEGA VAI ANOTAR EM UM PAPEL E ENTREGAR A VOCÊ.

CAMINHO CASA-ESCOLA

AGORA, VOCÊ VAI ESTUDAR O CAMINHO DA SUA CASA ATÉ A ESCOLA.

1 COMO VOCÊ VAI PARA A ESCOLA? PINTE SUA RESPOSTA.

A PÉ	DE BARCO	DE TRANSPORTE ESCOLAR
DE AUTOMÓVEL	DE TREM	OUTRO TRANSPORTE

2 COMO É O CAMINHO DE SUA CASA ATÉ A ESCOLA?

A) IDENTIFIQUE O QUE EXISTE EM SEU CAMINHO E MARQUE COM UM **X**.

CASAS

PRAÇA

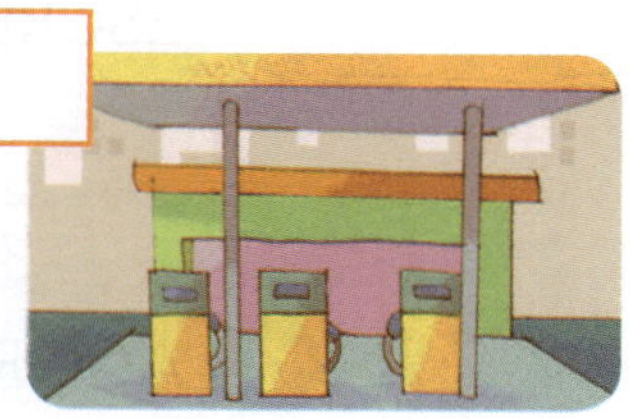

POSTO DE GASOLINA

RIO

PADARIA

PRÉDIOS

LOJA DE ROUPAS

PLACAS DE SINALIZAÇÃO

ESTACIONAMENTO

Ilustrações: Léo Fanelli/ Arquivo da editora

B) HÁ OUTROS ELEMENTOS QUE VOCÊ OBSERVA EM SEU CAMINHO QUE NÃO ESTÃO DESENHADOS ACIMA? ESCREVA O NOME DELES.

____

____

C) ESCOLHA E DESENHE EM UMA FOLHA AVULSA OS TRÊS LUGARES MAIS IMPORTANTES PARA VOCÊ NO CAMINHO DE SUA CASA ATÉ A ESCOLA.

TECENDO SABERES

NO TRAJETO QUE PERCORREMOS DE UM LUGAR A OUTRO, ALGUNS ELEMENTOS CHAMAM MAIS NOSSA ATENÇÃO. ELES SÃO NOSSOS **PONTOS DE REFERÊNCIA**.

1. NA PÁGINA ANTERIOR, FOI PEDIDO QUE VOCÊ DESENHASSE OS TRÊS LUGARES MAIS IMPORTANTES NO SEU CAMINHO. ELES SÃO OS SEUS PONTOS DE REFERÊNCIA NO TRAJETO DE SUA CASA PARA A ESCOLA. ESCREVA QUAIS SÃO ELES: ______________________________

____

2. AGORA, DESENHE O CAMINHO DA SUA CASA ATÉ A ESCOLA COM ESSES PONTOS DE REFERÊNCIA.

SE SUA RUA NÃO FOSSE COMO É, COMO VOCÊ GOSTARIA QUE ELA FOSSE? O QUE VOCÊ MUDARIA NELA?

ACOMPANHE A LEITURA DO PROFESSOR DO TRECHO DE UMA CANTIGA POPULAR.

SE ESSA RUA, SE ESSA RUA FOSSE MINHA,
EU MANDAVA, EU MANDAVA LADRILHAR,
COM PEDRINHAS, COM PEDRINHAS DE BRILHANTE,
PARA O MEU, PARA O MEU AMOR PASSAR.
[...]

CANTIGA POPULAR.

Alessandra Tozzi/Arquivo da editora

1 DESENHE E PINTE A RUA CITADA NA CANTIGA. ELA DEVE SER DIFERENTE DO QUE MOSTRA A ILUSTRAÇÃO.

2 AGORA, VOCÊ VAI SER O AUTOR DA CANTIGA. COPIE OS DOIS PRIMEIROS VERSOS E DEPOIS COMPLETE COM OUTROS DOIS VERSOS, QUE VOCÊ VAI CRIAR, FORMANDO UMA ESTROFE.

O QUE ESTUDAMOS

EU ESCREVO E APRENDO

AS FRASES ABAIXO APARECEM NOS CAPÍTULOS DA UNIDADE 2. ESCREVA, EMBAIXO DE CADA UMA DELAS, OUTRA FRASE SOBRE O QUE VOCÊ MAIS GOSTOU DE APRENDER EM CADA CAPÍTULO.

CAPÍTULO 3 – ESTUDAR E CONVIVER

A ESCOLA É O LUGAR ONDE VOCÊ ESTUDA, APRENDE A LER E A ESCREVER, BRINCA E FAZ MUITAS OUTRAS ATIVIDADES.

____

____

CAPÍTULO 4 – AS RUAS E OS CAMINHOS

NO TRAJETO QUE PERCORREMOS DE UM LUGAR A OUTRO, ALGUNS ELEMENTOS CHAMAM MAIS NOSSA ATENÇÃO. ELES SÃO NOSSOS PONTOS DE REFERÊNCIA.

____

____

MINHA COLEÇÃO DE PALAVRAS DE GEOGRAFIA

EM CADA CAPÍTULO DESTA UNIDADE HÁ UMA PALAVRA DESTACADA. COM ELAS VOCÊ FEZ ATIVIDADES PARA SABER COMO UTILIZÁ-LAS QUANDO PRECISAR ESCREVER UM PEQUENO TEXTO DE GEOGRAFIA. VOCÊ VAI AGORA PREENCHER UM QUADRO COM AS PALAVRAS AO LADO.

LEGENDA, PÁGINA 53.

TRÂNSITO, PÁGINA 64.

1. O QUE VOCÊ APRENDEU COM ESSAS DUAS PALAVRAS? DISCUTA COM OS COLEGAS.
2. EM UM QUADRO NO CADERNO, ESCREVA ESSAS DUAS PALAVRAS E O SIGNIFICADO DE CADA UMA DELAS. O SIGNIFICADO DEVE ESTAR LIGADO AO QUE VOCÊ APRENDEU NO CAPÍTULO.

EU DESENHO E APRENDO

1 OS DESENHOS ABAIXO REPRESENTAM ASSUNTOS IMPORTANTES ESTUDADOS EM CADA CAPÍTULO DA UNIDADE 2. OBSERVE-OS ATENTAMENTE.

CAPÍTULO 3
ESTUDAR E CONVIVER

CAPÍTULO 4
AS RUAS E OS CAMINHOS

Ilustrações: Ilustra Cartoon/Arquivo da editora

2 AGORA É A SUA VEZ! PARA CADA CAPÍTULO, FAÇA UM DESENHO DO QUE VOCÊ MAIS GOSTOU DE ESTUDAR OU ACHOU IMPORTANTE CONHECER NESTA UNIDADE. SE PREFERIR, FAÇA UMA COLAGEM.

CAPÍTULO 3	CAPÍTULO 4

HORA DE ORGANIZAR O QUE ESTUDAMOS

OS LUGARES PODEM SER REPRESENTADOS POR

- MAQUETE

Acervo da autora/Arquivo da editora

- DESENHO

Acervo da autora/Arquivo da editora

OS SÍMBOLOS TÊM SIGNIFICADO

ATRÁS

À FRENTE

À DIREITA

À ESQUERDA

LOCALIZAÇÃO DAS POSIÇÕES NA SALA DE AULA

- ATRÁS
- À FRENTE
- À DIREITA
- À ESQUERDA

LOCALIZAÇÃO DAS POSIÇÕES EM QUADRÍCULAS

- 1A
- 2B

OS PONTOS DE REFERÊNCIA PODEM SER

- PADARIAS
- LOJAS DE ROUPAS
- PRAÇAS
- POSTOS DE GASOLINA
- E OUTROS MAIS

OS LUGARES APRESENTAM MUDANÇAS E PERMANÊNCIAS

Autor desconhecido/Arquivo da editora

LADEIRA DA MEMÓRIA, NO MUNICÍPIO DE SÃO PAULO, ESTADO DE SÃO PAULO, EM 1929.

Fábio Guinalz/Fotoarena

LADEIRA DA MEMÓRIA, EM 2017.

SUGESTÕES DE...

LIVROS

Editora Formato/Acervo da editora

AMIGOS DO PEITO. CLÁUDIO THEBAS, EDITORA FORMATO, 2006.

EM FORMA DE VERSOS, O LIVRO FALA SOBRE A CONVIVÊNCIA ENTRE ALGUMAS CRIANÇAS QUE SE CONSIDERAM "AMIGOS DO PEITO". O COTIDIANO DESSAS CRIANÇAS, EM SUAS MORADIAS, NA ESCOLA, ENTRE OS VIZINHOS E A FAMÍLIA É APRESENTADO DE FORMA DIVERTIDA E INTERESSANTE.

Cortes Editora/Acervo da editora

NA MINHA ESCOLA TODO MUNDO É IGUAL. ROSSANA RAMOS, CORTEZ, 2004.

A CONVIVÊNCIA COM OS AMIGOS, OS PROFESSORES E OS TRABALHADORES DA ESCOLA É MUITO IMPORTANTE. NO LIVRO, VOCÊ VAI CONHECER UMA ESCOLA EM QUE TODOS CONVIVEM COM RESPEITO E EM HARMONIA, PROCURANDO DIALOGAR PARA SUPERAR DIFERENÇAS E DIFICULDADES.

Companhia das Letrinhas/Arquivo da editora

NAS RUAS DO BRÁS. DRAUZIO VARELLA, COMPANHIA DAS LETRINHAS, 2000.

NETO DE IMIGRANTES ESPANHÓIS E PORTUGUESES, O AUTOR RELEMBRA NO LIVRO ALGUNS EPISÓDIOS DE SUA INFÂNCIA NAS RUAS DO BAIRRO DO BRÁS.

Editora Caramelo/Acervo da editora

PRA LÁ E PRA CÁ: EDUCAÇÃO PARA O TRÂNSITO. VÁRIOS AUTORES, EDITORA CARAMELO, 2015.

ESTA OBRA APRESENTA AS PRINCIPAIS LEIS DE TRÂNSITO, OS DIFERENTES MEIOS DE TRANSPORTE, AS RESPONSABILIDADES DOS MOTORISTAS E DOS PEDESTRES, O PAPEL DO TRANSPORTE PÚBLICO E MUITOS OUTROS TEMAS LIGADOS À EDUCAÇÃO PARA O TRÂNSITO.

Moderna/Acervo da editora

SE ESSA RUA FOSSE MINHA. EDUARDO RAMOS, MODERNA, 2015.

VOCÊ CONSEGUE IMAGINAR O QUE FARIA SE A RUA EM QUE MORA FOSSE SUA? COMO VOCÊ CUIDARIA DELA? O QUE VOCÊ PODERIA FAZER PARA MELHORÁ-LA? VOCÊ PLANTARIA ÁRVORES? DEIXARIA OS CARROS PASSAREM?

PARA VOCÊ REFLETIR E CONVERSAR

- DE QUAL ASSUNTO VOCÊ GOSTOU MAIS NESTA UNIDADE?
- VOCÊ TEVE DIFICULDADE PARA ENTENDER ALGUMA ATIVIDADE OU EXPLICAÇÃO?
- ESCOLHA A IMAGEM DE QUE VOCÊ MAIS GOSTOU NESTA UNIDADE. CONTE AOS COLEGAS O MOTIVO DE SUA ESCOLHA.

Unidade 3

Viver e trabalhar

Bentinho/Arquivo da editora

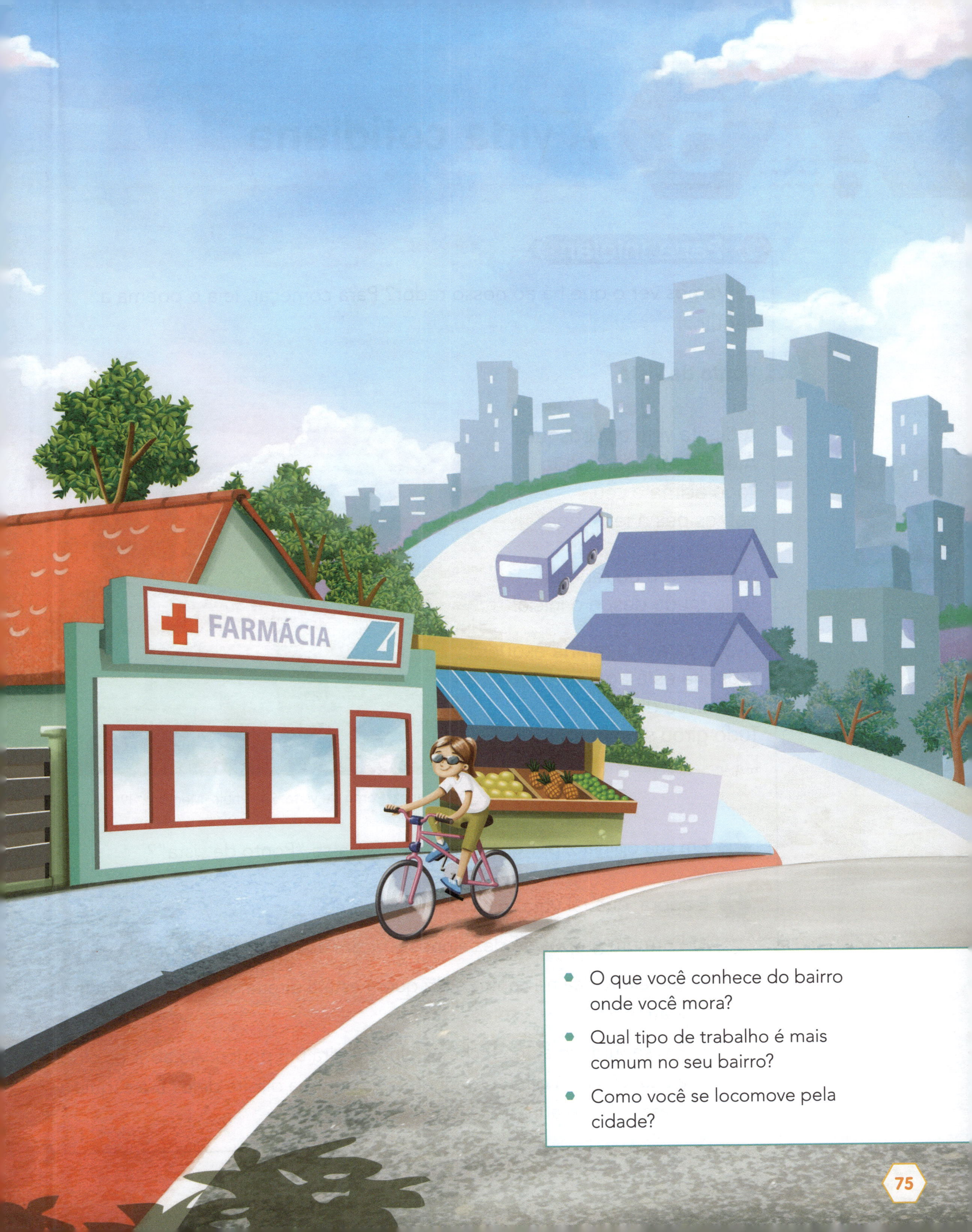

- O que você conhece do bairro onde você mora?
- Qual tipo de trabalho é mais comum no seu bairro?
- Como você se locomove pela cidade?

Capítulo 5 A vida cotidiana

Para iniciar

Vamos ver o que há ao nosso redor? Para começar, leia o poema a seguir.

Ponto de vista

[...]
À direita vejo um bosque,
À esquerda uma lagoa,
Logo acima o céu,
Sob os pés a terra boa!
[...]
Mas, se viro de repente,
Tudo muda desde o início!

O que estava à minha esquerda
À direita está agora.
Tudo ficou diferente,
Tudo girou sem demora!
[...]

Alessandra Tozi/Arquivo da editora

Sonia Salerno Forjaz. **Ponto de vista**. São Paulo: Moderna, 1992. p. 25-26.

1. Em sua opinião, por que o poema chama-se "Ponto de vista"?

2. E agora, que tal uma brincadeira?

   a) Formem grupos de dez alunos e façam uma roda na quadra da escola.

   b) Um aluno fica no centro e diz quem está à direita, à esquerda, em frente e atrás dele.

   c) Em seguida, o aluno fecha os olhos e gira um pouco. Ao abrir os olhos, a situação está diferente: quem está agora à direita dele? E à esquerda? E assim por diante.

Os arredores da escola

Você conhece bem o que existe ao redor de sua escola? Já deu uma volta no quarteirão?

Agora, você vai observar a escola de Carlos e de Maria e seus arredores.

Ilustra Cartoon/Arquivo da editora

Visão do alto e de lado

Ricardo Moreira/Fotoarena

Escola em Pereiras, no estado de São Paulo, 2017.

1. O que você vê nos arredores dessa escola?

2. Cite um ponto de referência perto dessa escola.

3. Escreva uma frase sobre o quarteirão da escola usando as palavras:

CASAS | TERRENO VAZIO

4 Que tal passear pelos arredores de sua escola?

a) Você e seus colegas vão fazer um percurso com o professor para identificar alguns elementos perto da escola.

- Anotem no caderno os elementos que vocês viram.
- Anotem também qual é o ponto de referência mais importante.
- Vejam novamente os desenhos da página 67.

b) Agora, vamos registrar o que vocês viram perto da escola.

- O professor vai desenhar um quadro na lousa e anotar os elementos que você e os colegas observaram.
- Siga as instruções do professor para o trabalho conjunto na lousa.

Desafio

Maria e Carlos falam dos arredores da escola onde estudam:

Léo Fanelli/ Arquivo da editora

1 Agora complete as frases abaixo com dados dos lugares ao redor de sua escola.

- Nos arredores da escola, as ruas são ____.
- As casas são ____.
- Ao redor da escola, os espaços verdes são ____.

2 Converse com os colegas e o professor sobre o que você gostaria que existisse perto da escola.

Diferentes pontos de vista

Para um trabalho de Geografia, Carlos precisou tirar fotos da escola e dos arredores. Primeiro, ele tirou fotos da entrada da escola e de uma quadra de esporte. Veja abaixo.

Ricardo Moreira/Fotoarena

Entrada de uma escola em Pereiras, no estado de São Paulo, 2017.

Ricardo Moreira/Fotoarena

Quadra de esporte na mesma escola, 2017.

Depois, Carlos foi até a prefeitura e viu imagens da escola de diferentes **pontos de vista**.

Ricardo Moreira/Fotoarena

Esta imagem foi feita do alto e de lado. Veja o pequeno desenho do helicóptero. Foto de 2017.

Ilustrações: Ilustra Cartoon/Arquivo da editora

WV3/ENGESAT

Esta imagem foi feita do alto, exatamente de cima para baixo. Veja o pequeno desenho do helicóptero. Foto de 2017.

1 O que representam as setas amarelas nas imagens?

____

2 Compare essas imagens e anote uma diferença entre elas.

____

Imagine que você fez um passeio de helicóptero. Lá do alto, você viu uma escola, uma praça e outros elementos, como mostram os desenhos a seguir.

1 Compare os dois desenhos.

Ilustra Cartoon/Arquivo da editora

Vista do alto e de lado – Visão oblíqua

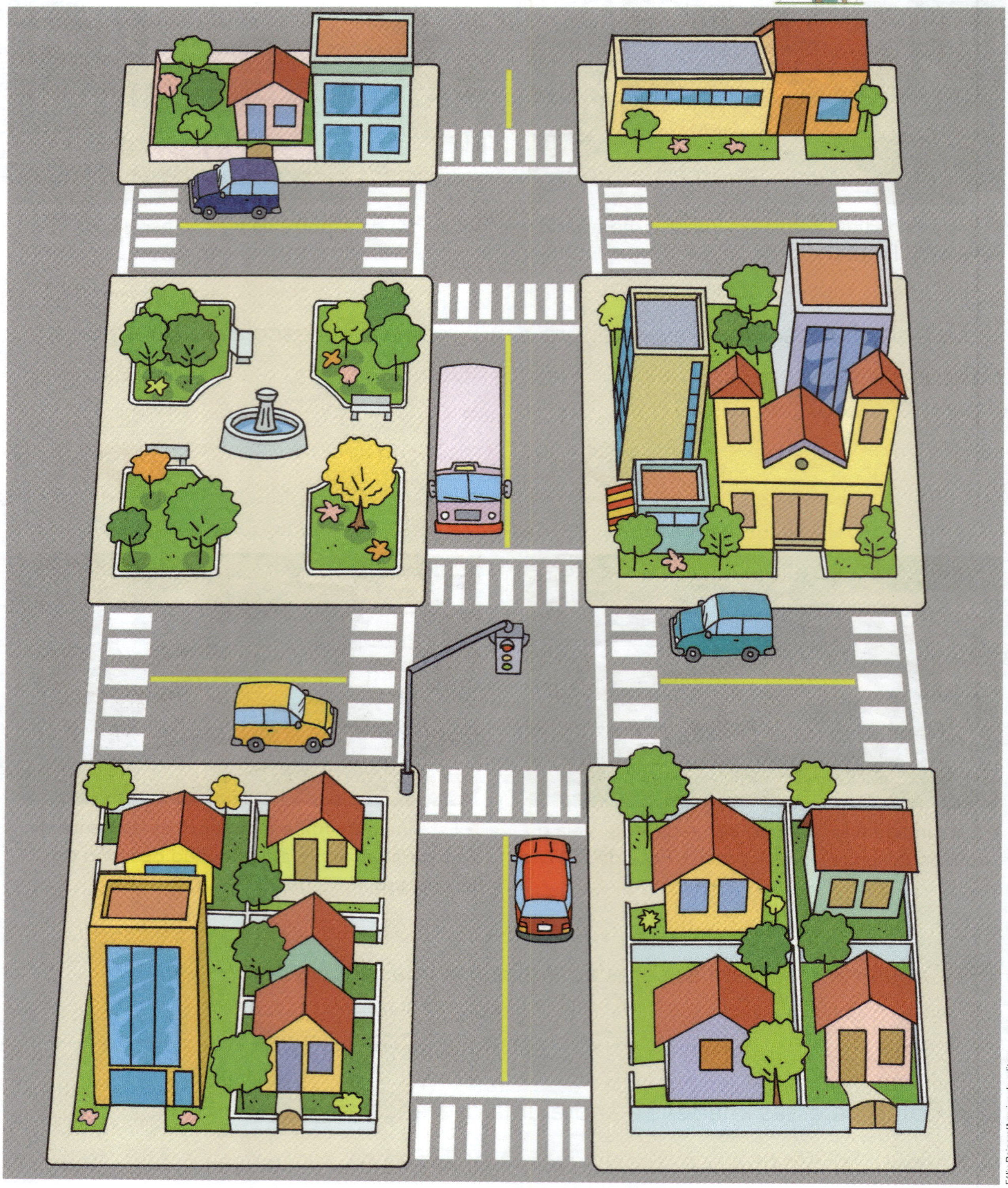

Félix Reiners/Arquivo da editora

Vista do alto, exatamente de cima para baixo – **Visão vertical**

Ilustra Cartoon/Arquivo da editora

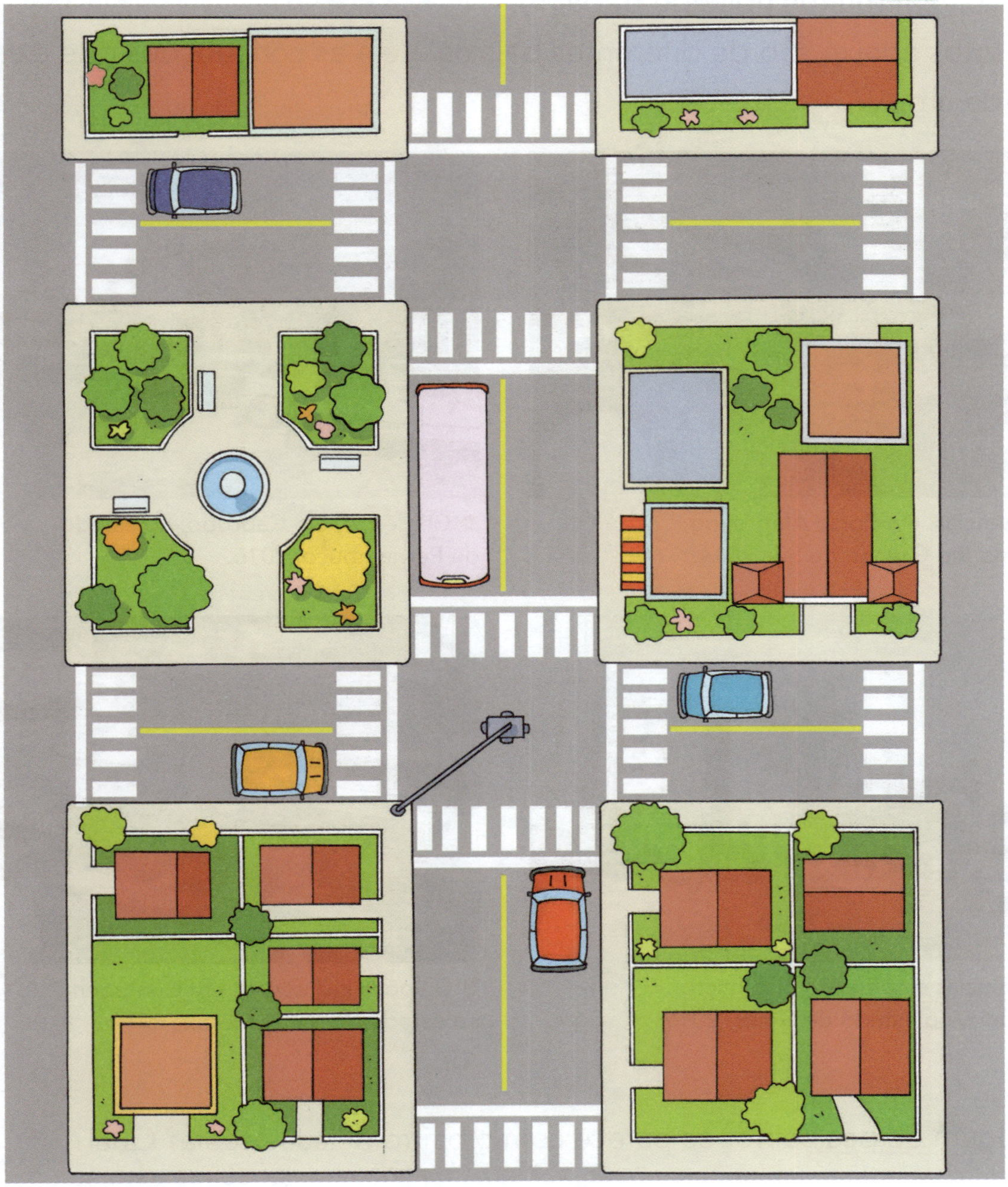

Félix Reiners/Arquivo da editora

2 O que você consegue reconhecer nos desenhos?

____

____

____

A vida e o trabalho no bairro

Você viu que, em um bairro, podem existir diferentes construções, como casas, lojas, escolas, igrejas, entre outras. Nos bairros, as pessoas vivem e desenvolvem muitos tipos de trabalho.

As fotos abaixo são de diferentes bairros. Veja as construções que existem em cada um.

Rubens Chaves/Pulsar Imagens

Residências, em Porto Alegre, no estado do Rio Grande do Sul, 2014.

Delfim Martins/Pulsar Imagens

Comércio, em Cabrobó, no estado de Pernambuco, 2016.

João Prudente/Pulsar Imagens

Residências e comércio (uso misto), em Goiânia, no estado de Goiás, 2015.

Rubens Chaves/Pulsar Imagens

Galpões industriais, em Contagem, no estado de Minas Gerais, 2014.

1. Algum desses bairros se parece com o bairro de sua escola? Qual?

2. Algum deles se parece com o bairro onde você mora? Qual?

3. Escolha um dos bairros e escreva uma frase sobre ele.

____

____

Pesquise

No Brasil, há centros históricos com construções antigas que ajudam a mostrar a história de um determinado lugar. Observe as fotos a seguir.

Autor desconhecido/Arquivo da editora

Rua do Giz, em 1908. Centro histórico de São Luís, no estado do Maranhão.

Marcio Melo/Fotoarena

Rua do Giz, em 2017.

1. Converse com seus pais, avós ou outras pessoas idosas que moram há muito tempo no bairro onde você vive. Pergunte a eles se conhecem alguma construção histórica no bairro ou perto de onde vocês moram.
2. Peça a eles que contem o que sabem sobre a história dessa construção: em que ano foi construída, quem eram os donos, qual era a função da construção (moradia, por exemplo), entre outras curiosidades. Anote tudo no caderno.
3. Conte aos colegas o que você descobriu.

Minha coleção de palavras de Geografia

Existem atividades importantes para a economia dos municípios. Essas atividades criam empregos e renda para a população. Agora, vamos conhecer uma dessas atividades.

INDÚSTRIA

1. O que é indústria?
2. Existem indústrias no município onde você mora? Cite um exemplo.

Esta é a representação de parte do bairro onde moram Paulo, Aline, Pedro e Larissa. Vamos ver como eles se localizam no bairro? Observe o desenho.

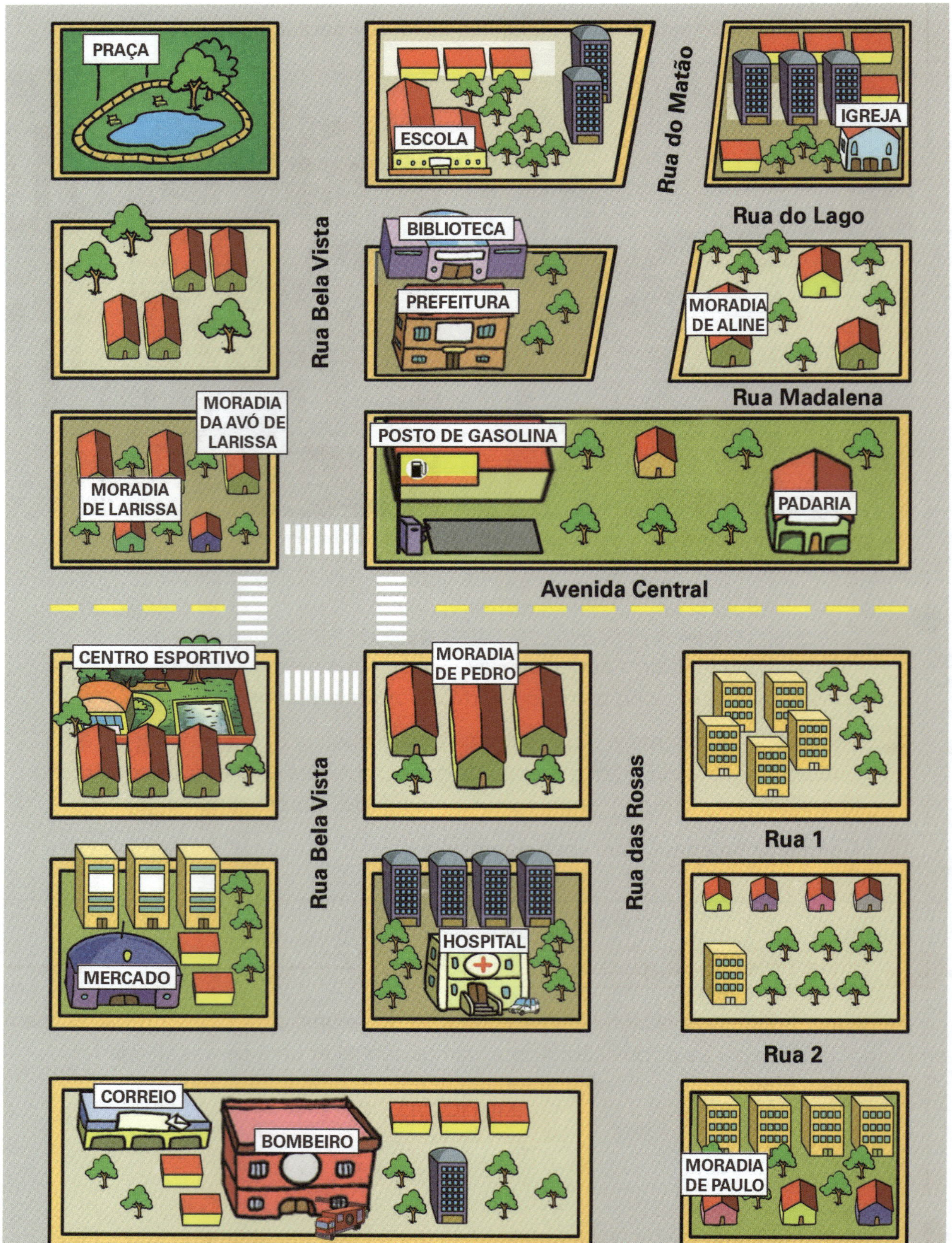

1 Imagine-se de frente para o desenho da página ao lado. Converse sobre as questões a seguir com os colegas e o professor.

a) O posto de gasolina fica perto ou longe da moradia de Aline?

b) A igreja fica perto ou longe do correio?

c) A moradia de Larissa fica perto ou longe da moradia de sua avó?

d) A moradia de Paulo fica mais perto do correio ou da praça?

e) A moradia de Pedro fica mais longe da biblioteca ou do posto de gasolina?

2 Continue imaginando-se de frente para o desenho da página ao lado e responda:

a) À direita da escola está a praça ou a igreja? ____________________

b) A prefeitura fica à direita ou à esquerda da moradia de Aline? ____________

c) O bombeiro fica à esquerda ou à direita da moradia de Paulo? ____________

d) À esquerda da moradia de Pedro está o hospital ou o centro esportivo?

____

3 No desenho da página ao lado, trace os seguintes trajetos:

a) O caminho de Aline para ir de sua moradia ao centro esportivo.

b) O caminho da moradia de Larissa até a escola, passando pela moradia de Aline.

c) O caminho da moradia de Paulo até o mercado.

4 Considerando os trajetos que você desenhou, responda:

a) Quando Aline foi ao centro esportivo, qual foi a maior construção que ela viu do lado direito nesse trajeto?

____

b) Quando Larissa foi para a escola, passando pela moradia de Aline, o que ela viu do lado direito?

____

c) No trajeto da casa de Paulo até o mercado, o que se vê do lado direito?

____

Saiba mais

No bairro, você encontra moradias, lojas e outras construções. Observe o desenho.

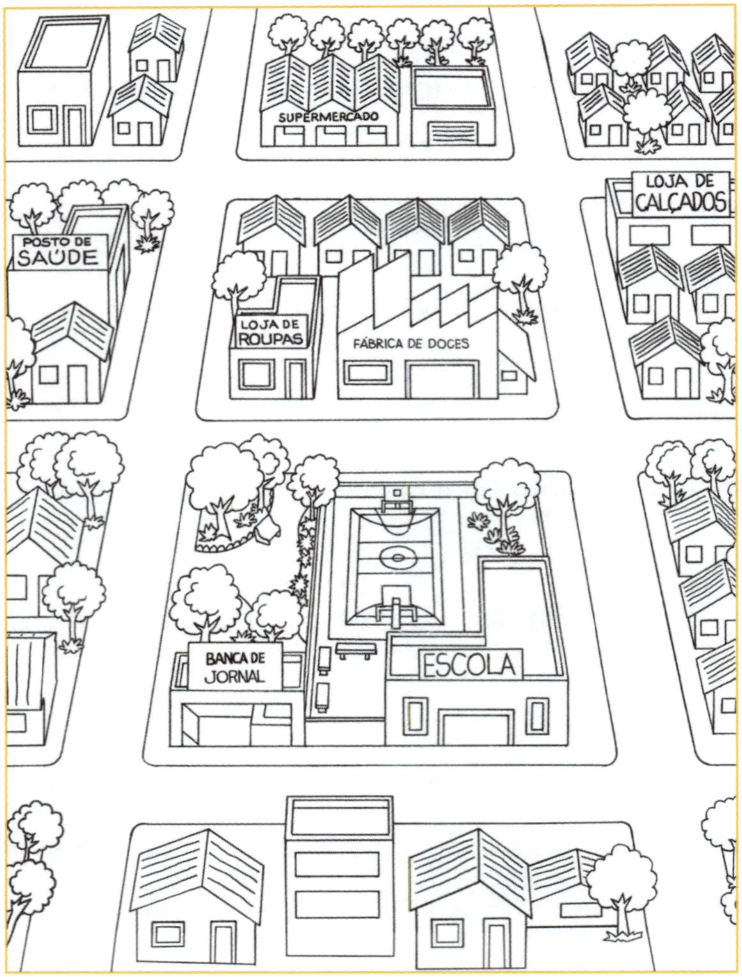

Félix Reiners/Arquivo da editora

Vamos fazer agrupamentos nesse desenho, pintá-lo e construir a legenda?

1. Com a orientação do professor, estabeleça algumas cores para a legenda.

2. Com as cores escolhidas, pinte os quadrinhos de legenda e o desenho acima. Depois, anote o nome do agrupamento.

Nesses lugares as pessoas moram. →	☐	______
Nesse lugar as crianças estudam. →	☐	______
Vários produtos são vendidos nesses lugares. →	☐	______
Nesse lugar são fabricados vários produtos. →	☐	______
Por esses lugares passam carros e pessoas. →	☐	______

Geralmente, nos bairros são desenvolvidos muitos trabalhos.

Há profissionais que produzem alimentos; outros que fabricam roupas; outros que transportam mercadorias e pessoas.

1. Forme dupla com um colega. Escrevam o nome de profissões que vocês conhecem que começam com as letras abaixo.

D	P	M	S
______	______	______	______
______	______	______	______

2. Escreva o nome de duas profissões que podem ser exercidas durante o dia e também à noite.

____

3. Procure em revistas, jornais ou na internet imagens que representam essas duas profissões que você anotou acima. Cole as imagens nos quadros abaixo.

TECENDO SABERES

O trabalho faz parte da vida das pessoas. No dia a dia, sempre há pessoas trabalhando.

Há diferentes tipos de trabalho e eles também podem ser feitos em diferentes horários. Veja algumas situações de trabalho a seguir.

1 Observe os trabalhos realizados nesta rua.

Theo Marques/Fotoarena

Rua no centro de Curitiba, no estado do Paraná, 2017.

Theo Marques/Fotoarena

Mesma rua durante a noite, 2017.

a) Faça uma lista dos tipos de trabalho que você acha que podem ser feitos nessa rua nos dois períodos: dia e noite.

DIA	NOITE
______________________	______________________
______________________	______________________
______________________	______________________

b) Compare sua lista com a de um colega. Com o professor, faça uma lista completa na lousa.

2 A maior parte do trabalho das pessoas é realizada durante o dia, mas alguns trabalhos são realizados também à noite. Para o nosso bem-estar, alguns dos locais citados abaixo e seu horário de funcionamento são importantes. Veja as ilustrações para responder às questões.

PREFEITURA

HOSPITAL

MERCADO

ESCOLA

BIBLIOTECA

CENTRO ESPORTIVO

LOJAS NA RUA

CORREIO

BOMBEIRO

Ilustrações: Giz de Cera/Arquivo da editora

a) Pinte:

- de **vermelho** o nome dos locais onde são feitas atividades durante o dia e durante a noite.
- de **verde** o nome dos locais onde são feitas atividades apenas durante o dia.

b) Algumas atividades que você realiza são importantes para a sua saúde.

- Circule de **amarelo** o nome do local aonde você vai quando está doente.
- Circule de **azul** o nome do local onde você pode praticar esportes.

3 No dia a dia, as pessoas realizam uma atividade muito importante para a saúde e que dá energia para o dia seguinte. Quando somos crianças costumamos fazer essa atividade durante a noite toda.

Qual é essa atividade? Pinte o quadrinho correto.

COMER	DORMIR	ESTUDAR	JOGAR FUTEBOL

Capítulo 6

O trabalho e a circulação

Para iniciar

Vamos percorrer diferentes caminhos começando pelo poema abaixo. Leia-o com os colegas e o professor.

Confusão

Como volta
o ônibus
Vila Ida?
Volta
como Vila Ida
ou volta como
Vila Volta?
Volta indo
ou vai e volta?
Vira e volta?
Não sei se pego
Vila Ida na ida,
ou Vila Ida na volta.

Alessandra Tozzi/Arquivo da editora

Donizete Galvão. **Folha de S.Paulo**, São Paulo, 28 jun. 2003. Folhinha. Disponível em: <www1.folha.uol.com.br>. Acesso em: 30 jun. 2017.

1. Você já andou de ônibus na cidade? Conte como foi. Se nunca andou, como você acha que seria?
2. Você percorre bastante a cidade onde mora? Vai a lugares perto ou longe de sua moradia? Quais?
3. Em sua opinião, qual é o melhor meio de transporte para circular em uma grande cidade? Por quê?
4. Na sua cidade, qual é a forma mais rápida de se locomover?

Circular pelos caminhos

Para trabalhar, passear, transportar mercadorias, entre outras atividades, são necessários diferentes meios de transporte e de comunicação. Veja a seguir.

Edson Grandisoli/Pulsar Imagens

De bicicleta, em Vitória, no estado do Espírito Santo, 2014.

Luciana Whitaker/Pulsar Imagens

De charrete, em Rio Grande, no estado do Rio Grande do Sul, 2016.

Marlon Costa/Futura Press

De metrô, no Recife, no estado de Pernambuco, 2015.

Weimer Carvalho/Futura Press

De automóvel ou de ônibus, em Goiânia, no estado de Goiás, 2015.

1 Marque um **X** nos meios de transporte que existem na cidade onde você mora.

☐ Automóvel ☐ Bicicleta ☐ Charrete

☐ Ônibus ☐ Metrô

Outros: ____

2 Quais meios de transporte permitem percorrer grandes distâncias mais rapidamente?

3 Quais meios de transporte acima não poluem o ar das cidades?

Você viu que são muitas as maneiras de se locomover dentro das cidades ou de chegar até elas.

Como as pessoas se locomoviam no passado? E o trânsito, como era antes e como é hoje?

Observe as fotografias de meios de transporte abaixo.

Arquivo/Estadão Conteúdo

Bonde puxado por burros no município de São Paulo, no estado de São Paulo, 1905.

Aurélio Becherini/Estadão Conteúdo

Bonde elétrico no município de São Paulo, no estado de São Paulo, 1906.

Biblioteca Nacional, Rio de Janeiro

Automóvel no município do Rio de Janeiro, no estado do Rio de Janeiro, 1912.

Acervo Light

Ônibus no município do Rio de Janeiro, no estado do Rio de Janeiro, cerca de 1930.

1. Com a orientação do professor, reúna-se com três colegas para comparar os meios de transporte de antigamente com os meios de transporte de hoje. Discutam o que vocês descobriram e anotem uma semelhança e duas diferenças.

____

____

____

____

____

2. Você acabou de ver na página ao lado fotos de alguns meios de transporte do passado. E hoje, como eles são? Procure fotos de meios de transporte modernos e traga para a sala de aula. Com os colegas e o professor você vai montar um painel com essas imagens.

Assim também aprendo

Veja o que fez Chico Bento.

1. O que mais chama a atenção na imagem ao lado? Por quê?

____

____

____

____

2. Na cidade onde você mora, existe o meio de transporte que o Chico Bento está usando?

____

Mauricio de Sousa. **Chico Bento**. São Paulo: Globo, n. 272, 1997.

Para circular de um local para outro, no Brasil são utilizados modernos meios de transporte.

1 Observe as imagens abaixo e responda o que circula:

a) Nas rodovias

João Prudente/Pulsar Imagens

Vitória da Conquista, no estado da Bahia, 2016.

b) Nos rios e mares

Jose Roberto Couto/Tyba

Itacoatiara, no estado do Amazonas, 2016.

c) Nas ferrovias

G. Evangelista/Opção Brasil Imagens

Lagoa da Prata, no estado de Minas Gerais, 2015.

d) No ar

Lucas Lacaz Ruiz/Pulsar Imagens

São José dos Campos, no estado de São Paulo, 2016.

2 Qual desses meios de transporte é o mais comum onde você mora?

3 Qual desses meios de transporte você já utilizou?

Outros caminhos

A maioria das crianças brasileiras mora em cidades. Portanto, elas percorrem ruas para chegar à escola. Lembre-se, você já fez o percurso da sua casa até a escola.

Mas há crianças que moram na floresta ou no campo e, para chegar à escola, fazem caminhos bem diferentes dos caminhos das crianças da cidade.

1 Vamos ver o caso de algumas crianças indígenas na Amazônia. Leia o texto e observe o desenho.

> Rio é igual caminho.
> A gente sobe e desce o rio,
> indo de cá para lá, de lá para cá.
> No rio, nós andamos de canoa.
> Na canoa, nós remamos duro.
> Nós também viajamos de zinga.
>
> Eunice Dias de Paula, Luís Gouvêa de Paula, Elisabeth Aracy Rondon Amarante. **História dos povos indígenas**: 500 anos de luta no Brasil – Mareãkawa. Petrópolis: Vozes; Cimi, 1982. p. 33.

Alessandra Tozi/Arquivo da editora

zinga: vara comprida usada como remo nas canoas.

a) Por que algumas crianças indígenas precisam ir de barco para a escola?

____

____

b) Agora, imagine que um engenheiro foi contratado para modificar a locomoção das pessoas nesse lugar. Qual proposta ele faria?

2 Agora vamos conhecer o caminho que Felipe faz para ir à escola. Ele mora no campo, na casa que aparece na ilustração abaixo.

Félix Reiners/Arquivo da editora

a) Anote três pontos de referência que Felipe vê no caminho.

____

____

____

b) Das atividades feitas pelo ser humano que aparecem nesse desenho, qual delas você já viu?

____

____

3 Compare os três caminhos casa-escola que você viu: o que você fez, o da criança indígena e o de Felipe, que mora no campo. Depois responda:

a) O que é semelhante?

b) O que é diferente?

c) De qual desses caminhos você gosta mais? Por quê?

d) Quais atividades feitas pelo ser humano você vê nesses três caminhos?

Produzindo mercadorias

Para a fabricação e a venda de mercadorias é necessário que existam meios de transporte e meios de comunicação. Eles facilitam a produção e a circulação de mercadorias. Os meios de comunicação são muito usados no dia a dia pelas pessoas.

1. Escreva na cruzadinha o nome do meio de comunicação ilustrado. Quais desses meios de comunicação você usa no dia a dia? Circule na cruzadinha.

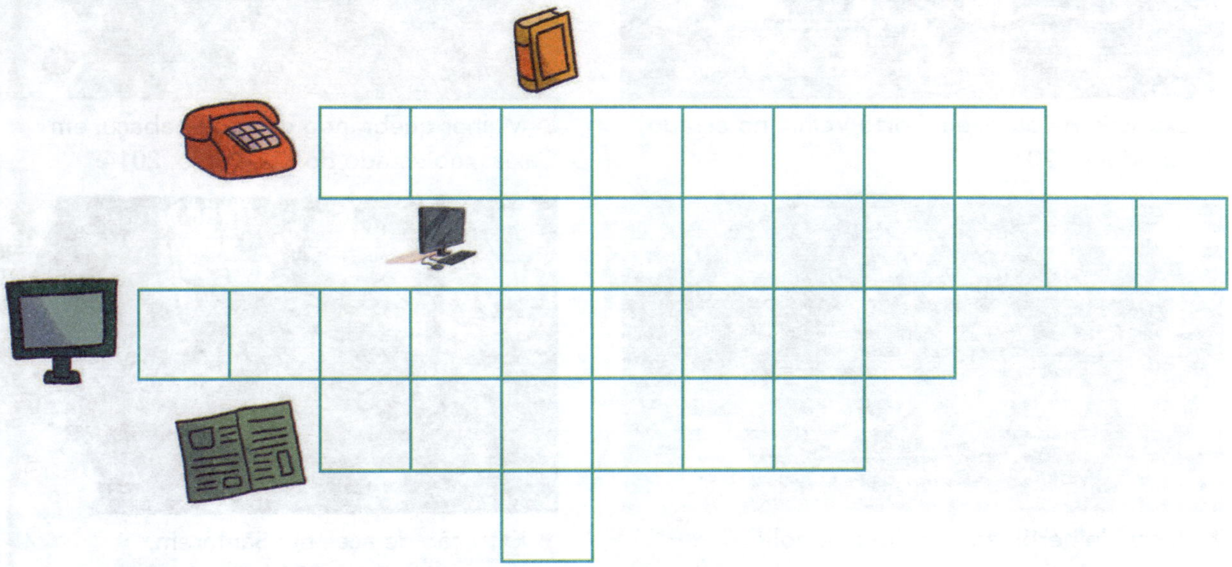

Ilustrações: Estúdio Giz de Cera/Arquivo da editora

2. Devemos ter alguns cuidados ao usar os meios de comunicação. Não é saudável ficar muito tempo em frente à televisão ou usando o celular. Na sua casa, quais são os combinados que você e seus pais ou responsáveis têm sobre o uso desses equipamentos? Conte aos colegas.

Minha coleção de palavras de Geografia

Os meios de comunicação são essenciais para a vida no mundo atual.

MEIOS DE COMUNICAÇÃO

1. Como você explica a uma pessoa o que são meios de comunicação?
2. Quais outros meios de comunicação você pode usar? Já ouviu falar de outros? Quais?

Muitas mercadorias são produzidas a partir da atividade de extração de recursos da natureza.

Podemos retirar da natureza recursos de origem vegetal, animal e mineral. Veja alguns exemplos a seguir.

Ronaldo Nina/Tyba

› Extração de ouro, em Porto Velho, no estado de Rondônia, 2015.

Cesar Diniz/Pulsar Imagens

› Mulher quebrando coco-de-babaçu, em Caxias, no estado do Maranhão, 2014.

Palê Zuppani/Pulsar Imagens

› Pesca de berbigão, em Florianópolis, no estado de Santa Catarina, 2014.

Luciana Whitaker/Pulsar Imagens

› Extração de açaí, em Santarém, no estado do Pará, 2017.

Franco Hoff/Pulsar Imagens

› Extração de sal, em Chaval, no estado do Ceará, 2016.

Com o professor, escreva o número das fotos que correspondem aos tipos de recursos extraídos da natureza.

ANIMAL	VEGETAL	MINERAL
__________	__________	__________

Pesquise

Os recursos extraídos da natureza são utilizados para a fabricação de inúmeros produtos.

1 Com a ajuda do professor, pesquise alguns produtos fabricados pela indústria a partir dos recursos extraídos da natureza. Escreva no quadro abaixo. Se preferir, faça colagem ou desenhe.

Recursos retirados da natureza	Produtos fabricados pela indústria
Origem vegetal	
MADEIRA	
Origem mineral	
PETRÓLEO	
Origem animal	
PESCA	

2 Discuta com o professor e os colegas:

a) O que pode ocorrer com a extração exagerada dos recursos naturais?

b) Quais são os cuidados necessários para a extração desses recursos?

O QUE ESTUDAMOS

Eu escrevo e aprendo

As frases abaixo aparecem nos capítulos da unidade 3. Escreva, embaixo de cada uma delas, outra frase sobre o que você mais gostou de aprender em cada capítulo.

Capítulo 5 – A vida cotidiana

Você viu que, em um bairro, podem existir diferentes construções, como casas, lojas, escolas, igrejas, entre outras. Nos bairros, as pessoas vivem e desenvolvem muitos tipos de trabalho.

____

____

Capítulo 6 – O trabalho e a circulação

Para trabalhar, passear, transportar mercadorias, entre outras atividades, são necessários diferentes meios de transporte e de comunicação.

____

____

Minha coleção de palavras de Geografia

Em cada capítulo desta unidade há uma palavra destacada. Com elas você fez atividades para saber como utilizá-las quando precisar escrever um pequeno texto de Geografia. Você vai agora preencher um quadro com as palavras ao lado.

INDÚSTRIA, página 83.

MEIOS DE COMUNICAÇÃO, página 97.

1. O que você aprendeu com essas duas palavras? Discuta com os colegas.
2. Em um quadro no caderno escreva essas duas palavras e o significado de cada uma delas. O significado deve estar ligado ao que você aprendeu no capítulo.

Eu desenho e aprendo

1 Os desenhos abaixo representam assuntos importantes estudados em cada capítulo da unidade 3. Observe-os atentamente.

Capítulo 5
A vida cotidiana

Capítulo 6
O trabalho e a circulação

Ilustrações: Ilustra Cartoon/Arquivo da editora

2 Agora é a sua vez! Para cada capítulo, faça um desenho do que você mais gostou de estudar ou achou importante conhecer nesta unidade. Se preferir, faça uma colagem.

Capítulo 5

Capítulo 6

Hora de organizar o que estudamos

Pontos de vista

- Visão oblíqua

Félix Reiners/Arquivo da editora

- Visão vertical

Félix Reiners/Arquivo da editora

O trabalho no bairro

Dam d'Souza/Arquivo da editora

Meios de comunicação

Ilustrações: Estúdio Giz de Cera/Arquivo da editora

Meios de transporte

João Prudente/Pulsar Imagens

G. Evangelista/Opção Brasil Imagens

Jose Roberto Couto/Tyba

Lucas Lacaz Ruiz/Pulsar Imagens

Sugestões de...

Livros

V&R Editoras/Arquivo da editora

A menina que parou o trânsito. Fabrício Valério, Vergara & Riba, 2016.

Uma menina com sua bicicleta enfrenta o trânsito caótico da cidade grande e impõe uma pausa no vaivém dos automóveis.

Panda Books/Acervo da editora

Lico e Leco – Profissões. Aino Havukainen e Sami Toivonen, Panda Books, 2014.

Os irmãos Lico e Leco resolvem investigar aonde as pessoas vão todas as manhãs com tanta pressa e com um ar tão sério. Prepare-se para acompanhá-los nesta aventura.

Callis/Acervo da editora

Máquinas do tempo. Romont Willy, Callis, 2013.

Como será que as pessoas viviam há sessenta anos? Que meios de transporte elas utilizavam? Como assistiam a filmes? A partir de uma conversa entre um garoto e seu avô, você vai conhecer mais sobre coisas e invenções do passado.

Moderna/Acervo da editora

O que é que tem no seu caminho? Bia Villela, Moderna, 2014.

Com esse livro, você vai aprender a observar com atenção as coisas ao seu redor, em seus caminhos diários. As ruas, as ladeiras, as lojas, a padaria, a farmácia, a escola... O que será que tem em seu caminho?

Companhia das Letrinhas/Acervo da editora

Vizinho, vizinha. Graça Lima, Mariana Massarani e Roger Mello, Companhia das Letrinhas, 2002.

Vamos conhecer a rotina dos moradores da rua Desassossego, número 38? O morador do apartamento 101 gosta de café e constrói uma cidade de papel. A vizinha do 102 toca clarineta e coleciona coisas antigas. Os moradores dos diversos apartamentos só se veem no finalzinho da tarde... Será que eles reclamam da solidão?

Para você refletir e conversar

- De qual assunto você gostou mais nesta unidade?
- Você teve dificuldade para entender alguma atividade ou explicação?
- Escolha a imagem de que você mais gostou nesta unidade. Conte aos colegas o motivo de sua escolha.

Unidade 4
O ambiente em que vivemos

Fotos: Mario Friedlander/Pulsar Imagens/ Renato Soares/Pulsar Imagens/ Fabio Colombini/Acervo do fotógrafo/ Manoel Novaes/Pulsar Imagens/ Inacio Teixeira/Pulsar Imagens

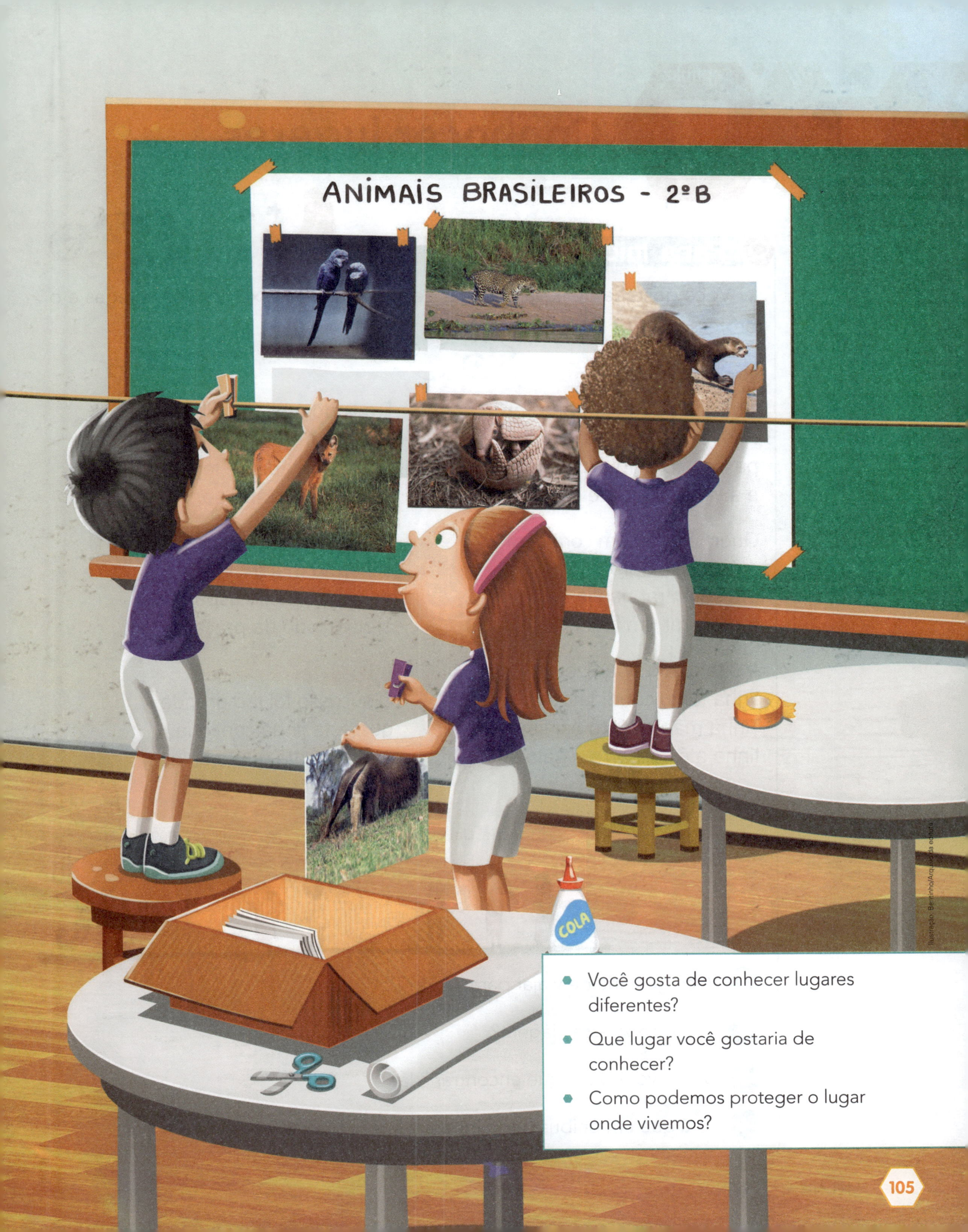

Ilustração: Bentinho/Arquivo da editora

- Você gosta de conhecer lugares diferentes?
- Que lugar você gostaria de conhecer?
- Como podemos proteger o lugar onde vivemos?

Capítulo 7

Conhecer lugares

Para iniciar

Você gostaria de ir para a Lua? Leia o poema abaixo com os colegas e o professor.

Um ônibus pra Lua

No domingo de manhã,
bem dali detrás da praça,
passava o ônibus pra Lua,
e a viagem era de graça.

Quem fosse bem corajoso
e quisesse aproveitar,
era só entrar na fila
e procurar um lugar.

Muita gente apareceu,
tinha tanto candidato!
Tinha mãe que trouxe filho,
tinha até cachorro e gato.

[...]

Era lindo aquele ônibus,
todo azul e alaranjado.
Tinha um rabo de foguete
e um nariz prateado.

Parou pertinho do ponto,
soltando muita fumaça,
deixando muito espantado
o povo todo da praça.

[...]
O sucesso foi tão grande
que esta linha continua.
Pode ser até que o ônibus
passe aí na sua rua! [...]

Eliana Sá. **Um ônibus pra Lua**. São Paulo: Sá Editora, 2009.

Alessandra Tozzi/Arquivo da editora.

1 Você gostaria de viajar para a Lua? Por quê?

2 Como seria essa viagem?

3 O que você acha que encontraria lá?

4 Será que um ônibus pode ir para a Lua? Por quê?

Identificando lugares

Os lugares não se limitam à moradia, à escola e à rua onde moramos. Podemos conhecer outros lugares de diferentes maneiras. E precisamos cuidar deles.

Vamos pensar em lugares que você já conhece ou gostaria de conhecer? Observe as fotos a seguir.

Zig Koch/Pulsar Imagens

Praia Mansa, em Matinhos, no estado do Paraná, 2015.

Evaristo Sa/Agência France-Presse

Estádio Nacional Mané Garrincha, no Distrito Federal, 2014.

Leo Drumond/Nitro

Biblioteca de escola municipal em Itaú de Minas, no estado de Minas Gerais, 2014.

Marcos Amend/Pulsar Imagens

Praça Plácido de Castro, em Rio Branco, no estado do Acre, 2015.

1 Veja de novo as fotos acima e responda às questões.

a) Você já esteve em lugares como esses?

b) De quais lugares você gostou? De quais não gostou? Explique.

2 Pense em um lugar onde você gostaria de estar agora.

a) Conte como é esse lugar e por que você gostaria de estar lá.

b) Desenhe esse lugar em uma folha de papel. Cole seu desenho no caderno.

Que tal você identificar alguns lugares lendo o poema abaixo?

Paraíso

Se esta rua fosse minha,
eu mandava ladrilhar,
não para automóvel matar gente,
mas para criança brincar.

1

Se esta mata fosse minha,
eu não deixava derrubar.
Se cortarem todas as árvores,
onde é que os pássaros vão morar?

2

Se este rio fosse meu,
eu não deixava poluir.
Joguem esgotos noutra parte,
que os peixes moram aqui.

3

Se este mundo fosse meu,
eu fazia tantas mudanças
que ele seria um paraíso
de bichos, plantas e crianças.

4

José Paulo Paes. **Poemas para brincar**. São Paulo: Ática, 1998. p. 9.

1. De que lugares o poema trata? Anote embaixo de cada estrofe.

2. Desenhe os lugares descritos nos quadros ao lado das estrofes.

Agora você verá fotos de diferentes lugares do Brasil. Observe os locais representados nas fotos a seguir.

Hans von Manteuffel/Pulsar Imagens

Praia de Boa Viagem, em Recife, no estado de Pernambuco, 2016.

Fernando Bueno/Pulsar Imagens

Área de serra em Canela, no estado do Rio Grande do Sul, 2015.

João Prudente/Pulsar Imagens

Área rural de Ouro Fino, no estado de Minas Gerais, 2016.

Fabio Colombini/Acervo do fotógrafo

Área do porto de Tefé, no estado do Amazonas, 2017.

1 Qual dessas paisagens se parece mais com o lugar onde você vive?

____

2 Qual dos lugares apresentados você gostaria de conhecer? Por quê?

3 Dessas paisagens, qual é a mais poluída? Explique.

4 Escreva uma frase com a expressão: POLUIÇÃO DAS ÁGUAS

____

____

Observe as fotos a seguir e conheça outros lugares.

Delfim Martins/Pulsar Imagens

Crianças indígenas brincando em São Félix do Xingu, no estado do Pará, 2016.

Alvarélio Kurossu/Agência RBS/Folhapress

Crianças brincando com gelo em Urubici, no estado de Santa Catarina, 2014.

Adolfo Santos Sonteria/Folhapress

Crianças caminham em estrada de terra em Olho D'Água do Casado, no estado de Alagoas, 2016.

1 Com o professor, analise as fotos e cite diferenças entre elas.

2 Agora, escreva abaixo quais são essas diferenças.

Outros lugares

Muitos povos indígenas têm um modo de vida bem diferente do modo de vida dos não indígenas. Leia o texto a seguir para conhecer um pouco desses povos.

As atividades do homem Kayapó

A maior parte das atividades dos homens se faz do lado de fora da casa: a caça, a pesca, as caminhadas, a fabricação de objetos e ferramentas [...]. Como são sobretudo as mulheres que se destinam ao trabalho nas roças, à preparação dos alimentos e à educação das crianças, os homens não se sentem obrigados a realizar deveres domésticos na aldeia. Eles passam, aliás, boa parte de seus dias na floresta para caçar e pescar. [...]

Em geral, os homens caçam sós. No alvorecer, eles se embrenham pela mata [...].

alvorecer: amanhecer, início do dia.

Um homem não retorna jamais de mãos vazias. Mesmo quando ele não traz consigo caça, ele deve colher ou amontoar algumas plantas medicinais, fibras ou frutas silvestres para fabricar objetos utilitários ou decorativos. [...]

Pesca-se todo o ano, mas é sobretudo no início da estação seca, quando o nível da água é o mais baixo, que os peixes são capturados em grande quantidade.

Povos indígenas no Brasil. **Atividades masculinas**. Disponível em: <https://pib.socioambiental.org/pt/povo/mebengokre-kayapo/184>. Acesso em: 7 jul. 2017.

1. Onde esse povo indígena vive?
2. Além da caça, quais são as outras atividades do homem Kayapó?
3. Desenhe em uma folha de papel como você imagina o lugar onde vivem os Kayapó.

Minha coleção de palavras de Geografia

Você leu no texto acima que o homem Kayapó pesca mais peixes na estação seca.

ESTAÇÃO SECA

1. O que é estação seca?
2. Por que os Kayapó pescam mais peixes na estação seca?

Saiba mais

Compare o modo como as crianças foram tratadas quando estavam doentes.

Mauricio de Sousa. **Almanaque do Chico Bento**. São Paulo: Globo, n. 213.

Faça uma lista das semelhanças e diferenças entre as formas de tratamento.

Semelhanças	Diferenças

Como são as moradias indígenas? Será que todos os indígenas vivem na floresta ou em habitações como as das fotos abaixo?

Preste atenção em como essas moradias foram construídas com diferentes materiais da natureza.

Delfim Martins/Pulsar Imagens

Habitação de aldeia Kayapó, no estado do Pará, 2016.

Filipe Frazao/Alamy/Fotoarena

Habitação de aldeia Dessana Tukana, no estado do Amazonas, 2015.

Ricardo Teles/Pulsar Imagens

Habitação de aldeia Kamayurá, no estado de Mato Grosso, 2014.

1 A maioria das moradias acima é feita com materiais tirados diretamente da natureza. Mas há algumas diferenças entre elas. Descubra quais são! Relacione cada foto com as características descritas abaixo. Complete os quadros com o número das fotos.

- [ ] A habitação tem o teto com folhas de palmeira e as paredes feitas com barro e varas de madeira.
- [ ] A habitação é coberta, do teto ao chão, com folhas de palha.
- [ ] A habitação apresenta teto com palha e a parede é metade feita com madeira e metade com palha.

2 Nem todos os indígenas brasileiros vivem na floresta ou em habitações como essas. Alguns vivem em grandes cidades, como São Paulo e Manaus.

- Converse com os colegas e o professor sobre a existência ou não de indígenas na cidade onde você mora.

Outros lugares no mundo

Você conheceu alguns tipos de moradia no Brasil, no mundo e de povos indígenas brasileiros. Viu uma grande variedade de construções. Um dos motivos que explicam essa variedade é que as construções são feitas de acordo com o lugar onde estão localizadas.

Vamos ver mais alguns tipos de moradia que existem no mundo? Observe os mapas.

Mapas: Banco de imagens/Arquivo da editora

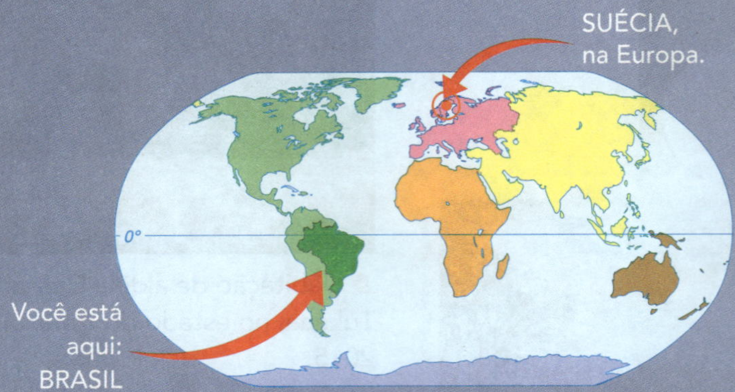

Em lugares onde neva muito, a maioria das casas é construída com o teto bem inclinado para, entre outros motivos, não acumular neve.

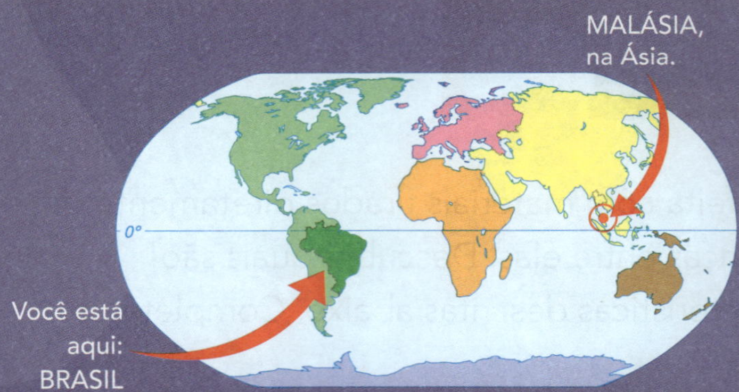

Em alguns lugares onde chove muito, ou que sofrem inundações, as casas são construídas sobre palafitas.

Em lugares onde quase não chove, muitas casas possuem tetos retos, com espaço para armazenar a água das chuvas.

IBGE. **Atlas geográfico escolar**. Rio de Janeiro: IBGE, 2013. (Adaptado.)

1 Com os colegas e o professor, analise as informações sobre os lugares e os tipos de moradia e descubra qual lugar é:

CHUVOSO	FRIO	SECO

2 Agora, complete cada frase com uma das palavras destacadas acima.

Anders Tukler/Alamy/Fotoarena

Este lugar é ______.

Moradia na Suécia, 2016.

Rob Francis/Robert Harding Heritage/AFP

Este lugar é ______.

Moradia na Malásia, 2015.

Alberto Arzoz/Axiom/Alamy/Fotoarena

Este lugar é ______.

Moradia no Níger, 2014.

Capítulo 8 Proteger nosso ambiente

Para iniciar

O lugar onde você mora é bem cuidado? Leia um trecho da letra desta canção, que mostra uma preocupação que todos nós devemos ter.

Herdeiros do futuro

A vida é uma grande amiga da gente
Nos dá tudo de graça pra viver
Sol e céu, luz e ar
Rios e fontes, terra e mar...
[...]
Será que a terra vai seguir nos dando
O fruto, a folha, o caule e a raiz?
Será que a vida acaba encontrando
Um jeito bom da gente ser feliz?
Vamos ter que cuidar bem desse país [...]

Toquinho e Elifas Andreato. Herdeiros do futuro. Intérprete: Toquinho. In: **Ensinando a viver**. Grupo Positivo/Circuito Musical, 2002. 1 CD. Faixa 17.

Alessandra Tozzi/Arquivo da editora

1. De quais problemas de poluição que ocorrem no Brasil e no mundo você já ouviu falar?

2. Que atitudes podemos ter no dia a dia para ajudar a cuidar do ambiente?

Precisamos cuidar do ambiente

O solo, a água, o ar, as plantas e os animais fazem parte do ambiente. Nós somos responsáveis por preservá-los. Como podemos fazer isso?

Leia o texto.

Proteger a água

Sem água não há vida. Portanto, é preciso evitar o desperdício.

A água não serve apenas para beber. Veja por que ela é tão importante para os seres humanos.

A água também é usada para:

- abastecer as casas;
- fazer a higiene do corpo e preparar os alimentos;
- irrigar as plantações;
- gerar energia elétrica;
- transportar pessoas e mercadorias (produtos);
- o lazer: nadar, brincar e se refrescar;
- preservar a vida.

Léo Fanelli/Arquivo da editora

1. Em que situações as pessoas utilizam água em casa? Dê dois exemplos.

____

____

2. Será que toda água é própria para beber?

____

Pesquise

Observe as fotos abaixo e leia as legendas.

Tales Azzi/Pulsar Imagens

Estação de tratamento de água no município de São Paulo, no estado de São Paulo, 2017.

Rubens Chaves/Pulsar Imagens

Carro de boi transportando água em tonel em Monteiro, no estado da Paraíba, 2015.

1 O que é água potável? Conte aos colegas e ao professor o que você sabe.

Chico Ferreira/Pulsar Imagens

Moradias à beira de córrego poluído, no município de São Paulo, no estado de São Paulo, 2016.

Cesar Diniz/Pulsar Imagens

Córrego poluído em Juazeiro, no estado da Bahia, 2016.

2 Existe alguma lagoa ou rio poluído no lugar onde você mora? E em outro lugar do Brasil que você conhece? Qual?

3 O que polui esse rio ou essa lagoa?

Saiba mais

O desperdício de água é um problema frequente. Veja alguns exemplos abaixo.

Escovar os dentes com a torneira aberta.

Ensaboar-se com a ducha ligada e a banheira cheia de água.

Manter a torneira aberta enquanto ensaboa o cachorro.

Lavar o quintal com mangueira.

Ilustrações: Léo Fanelli/Arquivo da editora

Converse com os colegas e o professor sobre outras formas de desperdício de água que precisam ser evitadas.

Proteger o solo

No solo vivem plantas e animais. Nós também vivemos nele, por isso é preciso preservá-lo.

As plantas protegem o solo para que ele não seja destruído pelo vento e pela chuva.

Converse com o professor e os colegas e complete o desenho abaixo de modo que o solo fique protegido.

Estúdio Giz de Cera/Arquivo da editora

Proteger o ar

O ar que respiramos é essencial à nossa vida, mas também tem sido poluído. A fumaça lançada por fábricas, escapamentos de automóveis e queimada das matas, entre outros, polui o ar e faz mal aos seres vivos.

Observe as fotos a seguir.

Andre Dib/Pulsar Imagens

Queimada em Alto Paraíso de Goiás, no estado de Goiás, 2016.

Delfim Martins/Pulsar Imagens

Produção de carvão para indústria em Paragominas, no estado do Pará, 2014.

Léo Burgos/Folhapress

Caminhão soltando fumaça em estrada de Pirapora do Bom Jesus, no estado de São Paulo, 2016.

1 Descreva o que você observa em cada foto.

2 No lugar onde você mora, o ar é poluído? Por quê?

3 Que medidas podem evitar a poluição do ar? Dê dois exemplos.

Proteger os animais

Como vimos, é importante preservar a água e o ar. E os animais? Será que eles também precisam ser protegidos? Leia o texto abaixo com os colegas e o professor.

Paca, tatu, cutia, sim!

Onça-pintada, anta e capivara. Jacaré, veado e arara. Ema, tamanduá e lobo-guará. Jabuti, macaco e papagaio. Paca, tatu, cutia também.

Puxa! São tantos os bichos das matas, campos e cerrados brasileiros, que nem dá para falar o nome de todos eles. [...]

Todos os bichos são muito importantes para o equilíbrio da natureza. [...] Temos que respeitar e proteger todos os animais [...]

Mauricio de Sousa. **Manual da roça do Chico Bento**. São Paulo: Globo, 2009. p. 100-101.

Edson Grandisoli/Pulsar Imagens

Ary Bassous/Tyba

Fabio Colombini/Acervo do fotógrafo

Claus Meyer/Tyba

Fabio Colombini/Acervo do fotógrafo

Luciano Candisani/National Geographic/Glow Images

Pete Oxford/National Geographic/Glow Images

Antonio Ribeiro/Arquivo da editora

Robert Harding World Imagery/Coleção/Getty Images

Fabio Colombini/Acervo do fotógrafo

Renato Soares/Pulsar Imagens

Frans Lanting/National Geographic/Glow Images

Fabio Colombini/Acervo do fotógrafo

Fabio Colombini/Acervo do fotógrafo

Artur Keunecke/Pulsar Imagens

1. Com seus colegas e o professor, identifique os animais das fotos acima.

2. Circule no texto os animais que você conhece.

TECENDO SABERES

Muitos animais citados no texto da página anterior estão ameaçados de extinção. Dizemos que uma espécie está em **perigo de extinção** quando há bem poucos indivíduos dessa espécie no planeta.

Veja a seguir alguns desses animais em perigo de extinção no Brasil. O professor vai auxiliá-lo a identificar cada um deles.

Claus Meyer/Tyba

Mario Friedlander/Pulsar Imagens

Fabio Colombini/Acervo do fotógrafo

Inacio Teixeira/Pulsar Imagens

Mario Friedlander/Pulsar Imagens

Fabio Colombini/Acervo do fotógrafo

Fabio Colombini/Acervo do fotógrafo

Manoel Novaes/Pulsar Imagens

Fabio Colombini/Acervo do fotógrafo

Renato Soares/Pulsar Imagens

1. Você conhece esses animais que estão ameaçados de extinção? Com a ajuda do professor, anote o nome de cada um deles embaixo da foto correspondente.

2. Por que esses e outros animais correm perigo de extinção? Converse com o professor e os colegas sobre o assunto.

Depende de nós

Como você viu, em alguns lugares há seres vivos que estão ameaçados de extinção. Muitos rios, lagos e mares estão poluídos. Além disso, a qualidade do ar está prejudicada.

São inúmeras as agressões que o planeta Terra vem sofrendo. E seu principal agressor é o ser humano.

Muitas pessoas, não só no Brasil, mas em todo o mundo, estão preocupadas. Elas começaram a adotar medidas para proteger a vida em nosso planeta. É preciso preservar os animais e as plantas, além de manter o ar e os rios limpos e saudáveis.

A população no mundo vem aumentando. Com isso, cresce também a quantidade de lixo, de esgoto e de automóveis. Como resolver esse problema então?

Há inúmeras maneiras de proteger o ambiente. Algumas pessoas têm isso como um de seus objetivos de vida. Veja na foto abaixo alguns **ativistas** que lutam pela natureza.

ativista: pessoa que trabalha por uma causa, como a preservação da natureza.

Julia Moraes/Greenpeace

1. Observe o que as pessoas que aparecem na foto acima estão fazendo. Agora, escreva uma legenda para essa imagem.

____

2. Você acha que apenas grandes organizações podem ajudar a proteger a natureza? Por quê?

Saiba mais

Leia com atenção outro trecho da letra da canção "Herdeiros do futuro", vista na página 116:

Herdeiros do futuro

[...]
Somos os herdeiros do futuro
E pra esse futuro ser feliz
Vamos ter que cuidar
Bem desse país
Vamos ter que cuidar
Bem desse país...
Será que no futuro
Haverá flores?
Será que os peixes
Vão estar no mar?
Será que os arco-íris
Terão cores?
E os passarinhos
Vão poder voar?
[...]

Alessandra Tozzi/Arquivo da editora

Toquinho e Elifas Andreato. Herdeiros do futuro. Intérprete: Toquinho. In: **Ensinando a viver**. Grupo Positivo/Circuito Musical, 2002. 1 CD. Faixa 17.

1 Responda às questões com os colegas e o professor.

a) Por que precisamos cuidar bem deste país?

b) O que podemos fazer?

2 Vamos contribuir com a proteção da vida na Terra?

a) Procure, em jornais, revistas ou na internet, imagens que mostrem atitudes de proteção à vida na Terra.

b) Cole as imagens em uma folha de papel sulfite ou de cartolina. Se preferir, faça um desenho.

c) Com os colegas e seu professor, organize uma exposição dos trabalhos na escola.

3 Veja a preocupação do Menino Maluquinho e de sua amiga na tirinha abaixo.

Ziraldo. **O Menino Maluquinho**: as melhores tiras. São Paulo: L&PM, 1995. p. 23.

Qual é o tipo de poluição que assustou a amiga do Menino Maluquinho?

4 Vamos ajudar a proteger a qualidade da água? Leia as dicas abaixo e depois discuta com os colegas e o professor como contribuir para preservá-la.

Dicas para não poluir as águas

- ✓ Não jogue lixo no rio, na praia ou na rua.
- ✓ Diga aos adultos para usarem produtos de limpeza biodegradáveis, que não contaminam a água.
- ✓ Não desperdice água.

5 Agora, com um colega, pensem em algumas dicas para evitar a poluição do ar e do solo e a extinção dos animais. Escrevam abaixo.

6 Com o professor, juntem as dicas de todas as duplas da classe e elaborem uma lista na lousa.

Minha coleção de palavras de Geografia

Vamos agora aprender uma palavra que tem tudo a ver com a preservação da natureza!

BIODEGRADÁVEL

1 Com o professor, procure no dicionário o significado dessa palavra.

2 Você conhece algum produto biodegradável? Qual?

Assim também aprendo

Você sabe preservar a natureza?

1. Convide um colega para participar de um jogo. No fim do jogo, você poderá responder à pergunta acima.
2. Siga as instruções do professor.

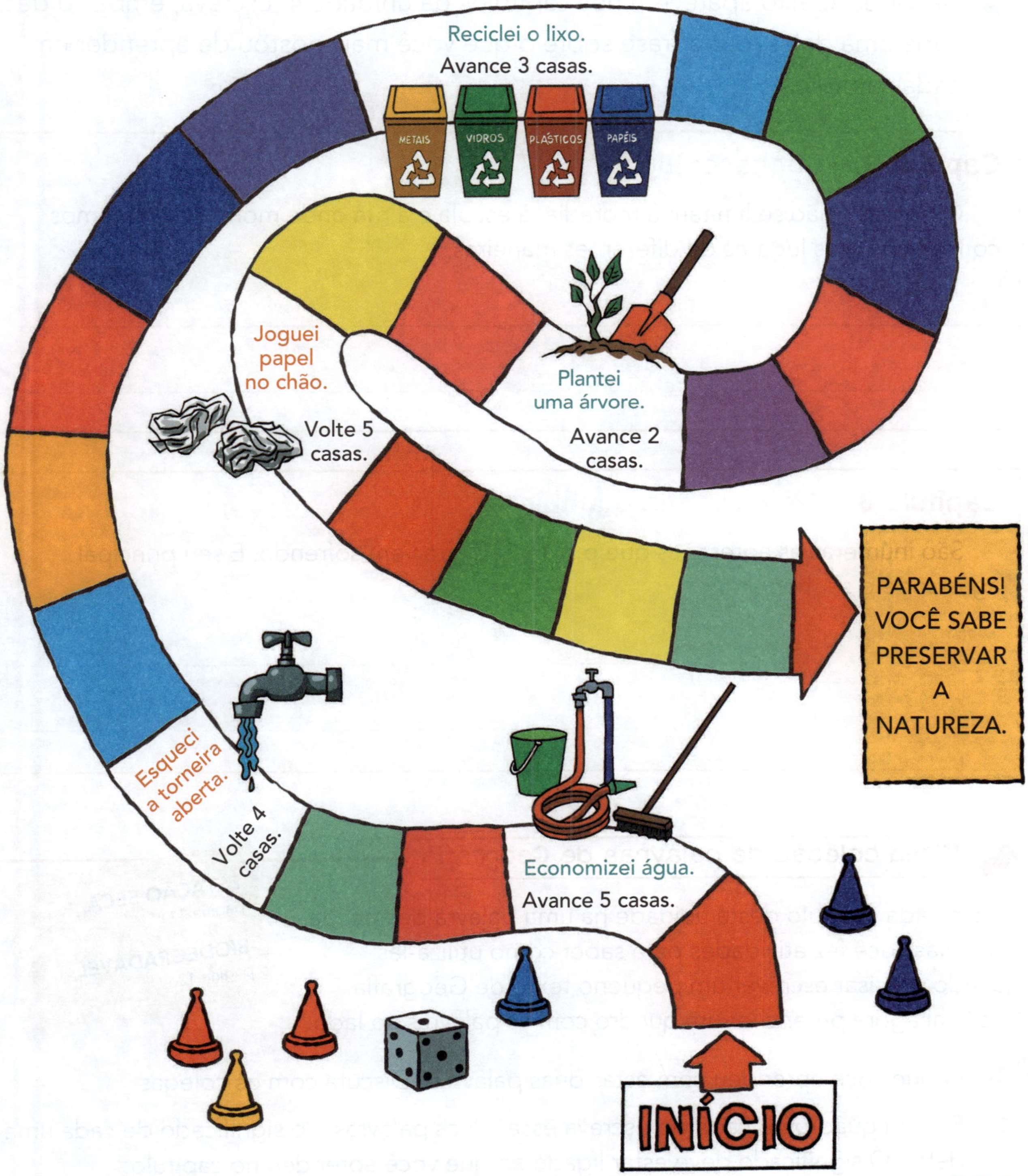

Félix Reiners/Arquivo da editora

O QUE ESTUDAMOS

Eu escrevo e aprendo

As frases abaixo aparecem nos capítulos da unidade 4. Escreva, embaixo de cada uma delas, outra frase sobre o que você mais gostou de aprender em cada capítulo.

Capítulo 7 – Conhecer lugares

Os lugares não se limitam à moradia, à escola e à rua onde moramos. Podemos conhecer outros lugares de diferentes maneiras.

Capítulo 8 – Proteger nosso ambiente

São inúmeras as agressões que o planeta Terra vem sofrendo. E seu principal agressor é o ser humano.

Minha coleção de palavras de Geografia

Em cada capítulo desta unidade há uma palavra destacada. Com elas você fez atividades para saber como utilizá-las quando precisar escrever um pequeno texto de Geografia. Você vai agora preencher um quadro com as palavras ao lado.

ESTAÇÃO SECA, página 111.

BIODEGRADÁVEL, página 126.

1. O que você aprendeu com estas duas palavras? Discuta com os colegas.
2. Em um quadro no caderno escreva essas duas palavras e o significado de cada uma delas. O significado deve estar ligado ao que você aprendeu no capítulo.

Eu desenho e aprendo

1 Os desenhos abaixo representam assuntos importantes estudados em cada capítulo da unidade 4. Observe-os atentamente.

Capítulo 7
Conhecer lugares

Capítulo 8
Proteger nosso ambiente

Ilustrações: Ilustra Cartoon./Arquivo da editora

2 Agora é a sua vez! Para cada capítulo, faça um desenho do que você mais gostou de estudar ou achou importante conhecer nesta unidade do livro. Se preferir, faça uma colagem.

Capítulo 7	Capítulo 8

Hora de organizar o que estudamos

Lugares que conhecemos ou que gostaríamos de conhecer

Hans von Manteuffel/Pulsar Imagens

Praia de Boa Viagem, em Recife, no estado de Pernambuco, 2016.

Fernando Bueno/Pulsar Imagens

Área de serra em Canela, no estado do Rio Grande do Sul, 2015.

Moradias indígenas

Ricardo Teles/Pulsar Imagens

Habitação de aldeia Kamayurá, no estado de Mato Grosso, 2014.

Maneiras de proteger nosso ambiente

- Não desperdiçar água

Léo Fanelli/Arquivo da editora

Preservação

- das águas
- do ar
- do solo
- dos animais

Fabio Colombini/Acervo do fotógrafo

Tamanduá-bandeira.

Mario Friedlander/Pulsar Imagens

Onça-pintada.

Sugestões de...

Livros

A árvore do Beto. Ruth Rocha, Salamandra, 2010.

O garoto Beto resolveu plantar uma muda de árvore e cuidar direitinho dela. Seu objetivo era que, no final do ano, ela fosse usada como uma árvore de Natal!

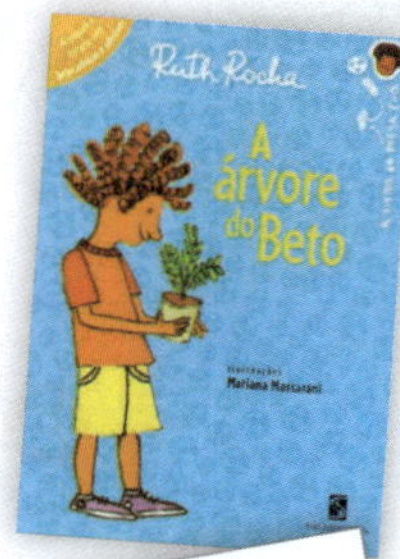

Salamandra/Acervo da editora

Água. Trevor Day, Editora DCL, 2011.

Com ilustrações, fotos e pequenos textos, esse livro apresenta a importância da água e de sua preservação. Você também vai saber mais sobre o percurso que a água faz até chegar à sua casa.

DCL/Acervo da editora

Aldeias, palavras e mundos indígenas. Valéria Macedo, Companhia das Letrinhas, 2015.

Essa obra nos convida a uma viagem ao mundo dos povos indígenas Yanomami, Krahô, Kuikuro e Guarani-Mbya. Você vai conhecer as casas, as festas, o trabalho, o idioma e os costumes desses povos e realizar um belo passeio por lugares especiais!

Companhia das Letrinhas/Acervo da editora

Contos da natureza. Dawn Casey, WMF Martins Fontes, 2010.

Esse livro apresenta contos populares de diferentes partes do mundo. É possível conhecer como alguns povos se relacionam com a natureza e as medidas que adotam para cuidar dela e preservá-la.

Martins Fontes/Acervo da editora

Papai esteve na floresta. Gusti e Anne Decis, Edições SM, 2014.

Um menino chamado Theo escreve um diário bem divertido com base nos relatos de viagem de seu pai, que faz um longo passeio pela floresta Amazônica.

SM Edições/Acervo da editora

Site

Povos Indígenas no Brasil Mirim. Disponível em: <https://pibmirim.socioambiental.org>. Acesso em: 4 jul. 2017.

Esse canal, dedicado a crianças, faz parte do *site* do Instituto Socioambiental, organização que pesquisa e propõe soluções para os problemas ambientais do Brasil.

www.mirim.org/Instituto Socioambiental (ISA)

Para você refletir e conversar

- De qual assunto você gostou mais nesta unidade?
- Você teve dificuldade para entender alguma atividade ou explicação?
- Escolha a imagem de que você mais gostou nesta unidade. Conte aos colegas o motivo de sua escolha.

PROJETO 1

Os direitos das crianças

As crianças também têm seus direitos. Não importa a cor da pele, o sexo, a língua, a religião ou o país onde vivem. Leia este texto sobre o assunto:

DIREITOS DE TODA CRIANÇA NO MUNDO

1. SER RESPEITADA. E TODOS OS SEUS DIREITOS TAMBÉM DEVEM SER RESPEITADOS.
2. CRESCER PROTEGIDA E BEM TRATADA.
3. TER UM NOME E UMA NACIONALIDADE.
4. TER UMA VIDA SAUDÁVEL, COM BOA ALIMENTAÇÃO, BOA ASSISTÊNCIA MÉDICA, MORADIA DECENTE E RECREAÇÃO SEGURA.
5. TER UM TRATAMENTO ADEQUADO, CASO POSSUA UMA DEFICIÊNCIA FÍSICA OU MENTAL.
6. SER AMADA E COMPREENDIDA. TER UMA FAMÍLIA OU PESSOAS QUE A PROTEJAM.
7. FREQUENTAR A ESCOLA.
8. SER A PRIMEIRA PESSOA A SER SOCORRIDA EM CASO DE PERIGO.
9. SER PROTEGIDA CONTRA O ABANDONO, A CRUELDADE E A EXPLORAÇÃO.
10. CRESCER EM UM AMBIENTE DE FRATERNIDADE, TOLERÂNCIA E COMPREENSÃO, E NÃO SER DISCRIMINADA POR RAÇA, RELIGIÃO OU QUALQUER OUTRO MOTIVO.

Assembleia Geral das Nações Unidas. **A Convenção sobre os Direitos da Criança**. Disponível em: <www.unicef.pt/>. Acesso em: 4 jul. 2017. (Adaptado.)

- Agora, com a orientação do professor, forme um grupo. Que tal ilustrar os direitos das crianças e, depois, fazer cartazes? Vocês podem ainda trabalhar com colagem, se for a preferência do grupo.

PROJETO 2

Proteger a água e o ar para viver melhor

Na unidade 4 você estudou, entre outros temas, a poluição da água e do ar e suas consequências para os seres vivos.

Observe as fotos abaixo.

Thomaz Vita Neto/Pulsar Imagens

Chaminés soltando fumaça em Vista Alegre do Alto, no estado de São Paulo, 2016.

Rubens Chaves/Pulsar Imagens

Lixo descartado às margens de rodovia em Ubaitaba, no estado da Bahia, 2016.

Você viu algumas dicas do que se pode fazer para não poluir o ar e a água. Neste projeto, você tem uma missão: passar à comunidade da qual você faz parte o que você aprendeu sobre o tema.

1. Com a orientação do professor, dividam-se em grupos para fazer cartazes mostrando a poluição da água ou do ar e também algumas ações que devem ser feitas para evitar a degradação do ambiente.

   a) Cada grupo deve fazer dois cartazes:

   - um que mostre o problema da poluição;
   - outro que mostre as soluções, como a sugerida nesta charge.

Gilmar/Acervo do cartunista

   b) Na elaboração dos cartazes, vocês podem fazer desenhos para ilustrar os problemas de poluição e as soluções. Podem também pesquisar e colar imagens de jornais, revistas ou da internet.

   c) Além das imagens, vocês devem criar e escrever uma frase de destaque. Essa frase deve chamar a atenção para a gravidade dos problemas que os seres vivos enfrentam por causa da destruição do ambiente.

   d) Deem um título para cada um de seus cartazes.

2. Na data combinada, apresentem o cartaz na sala de aula.

3. Agora, respondam: Por que é importante tomar atitudes que protejam o ambiente?

4. Para finalizar, espalhem os cartazes pela escola.

GLOSSÁRIO

As palavras deste glossário estão definidas de acordo com o sentido em que foram empregadas no livro.

A

Amazônia página 95

Vasta região no norte do Brasil, coberta, em grande parte, por floresta e com muitos rios. O maior deles é o rio Amazonas. Em muitos lugares, a Floresta Amazônica está sendo destruída.

B

Bosque página 56

Local onde existem muitas árvores. Pode ser natural ou plantado e é menor que uma floresta.

F

Floresta página 95

Tipo de vegetação composta de grandes árvores próximas umas das outras.

Tales Azzi/Pulsar Imagens

Floresta em Manaus, no estado do Amazonas, 2017.

P

Poluição página 116

Contaminação, degradação. Pode ocorrer poluição da água, do ar e do solo. Ela prejudica a saúde de pessoas, animais e plantas.

Hans von Manteuffel/Pulsar Imagens

Trecho poluído do rio Capibaribe em Recife, no estado de Pernambuco, 2016.

V

Visão oblíqua página 80

Visão que temos de um objeto ou de um lugar quando o olhamos de cima e um pouco de lado. Por exemplo: quando olhamos uma cidade da janela de um avião.

Visão vertical página 81

Visão que temos de um objeto ou de um lugar quando o olhamos do alto, exatamente de cima para baixo. Por exemplo: olhando um copo exatamente de cima para baixo, vemos a forma redonda.

BIBLIOGRAFIA

Desta bibliografia não constam as referências de alguns livros dos quais foram transcritos trechos ao longo dos capítulos. Citamos as referências nos próprios textos, por se tratar de fontes de leitura complementares.

ALMEIDA, Rosângela Doin de. **Do desenho ao mapa**: iniciação cartográfica na escola. São Paulo: Contexto, 2016.

BRANDÃO, Heliana; FROESELER, Maria das Graças V. G. **O livro dos jogos e das brincadeiras para todas as idades**. Belo Horizonte: Leitura, 1998.

BRASIL. Ministério da Educação. Secretaria de Educação Básica. **Base Nacional Comum Curricular** – 3ª versão. Disponível em: <http://basenacionalcomum.mec.gov.br/images/bncc_publicacao.pdf>. Acesso em: 4 jul. 2017.

__________. Ministério da Educação. Secretaria de Ensino Fundamental. **Parâmetros Curriculares Nacionais**: Geografia/História e Temas Transversais. Brasília, 1997.

__________. Ministério da Educação. Secretaria de Ensino Fundamental. **Ensino Fundamental de nove anos**. Brasília, 2006.

__________. Ministério da Educação, Secretaria de Ensino Fundamental. **Diretrizes Curriculares Nacionais Educação Básica**. Brasília, 2013.

CALLAI, Helena Copetti. Aprendendo a ler o mundo: a Geografia nos anos iniciais do Ensino Fundamental. **Cadernos Cedes**. Educação geográfica e as teorias de aprendizagem, n. 66. Campinas, 2005. Número especial.

CARUSO, Francisco; SILVEIRA, Cristina. **Questões ambientais em tirinhas**. São Paulo: Ed. Livraria da Física, 2007.

CARVALHO, Maria Angélica Freire; MENDONÇA, Rosa Helena (Org.). **Práticas de leitura e escrita**. Brasília: Ministério da Educação, 2006.

CASTELLAR, Sonia M. V. (Org.). **Educação geográfica**: teorias e práticas docentes. São Paulo: Contexto, 2010.

__________; CAVALCANTI, Lana de S.; CALLAI, Helena C. (Org.). **Didática da Geografia:** aportes teóricos e metodológicos. São Paulo: Xamã, 2012.

CASTROGIOVANNI, Antonio Carlos (Org.). **Ensino de Geografia**: práticas e textualizações no cotidiano. Porto Alegre: Mediação, 2009.

CAVALCANTI, Lana de S. (Org.). **Formação de professores**: concepções e práticas em Geografia. Goiânia: Vieira, 2006.

__________. **Geografia, escola e construção de conhecimentos**. Campinas: Papirus, 2016.

COLL, César; et al. **O construtivismo na sala de aula**. São Paulo: Ática, 2010.

__________; TEBEROSKY, Ana. **Aprendendo arte**: conteúdos essenciais para o Ensino Fundamental. São Paulo: Ática, 2009.

GUIMARÃES, Márcia; FALLEIROS, Ialê. **Os diferentes tempos e espaços do homem**. São Paulo: Cortez, 2005.

HOFFMANN, Jussara. **Avaliação: mito & desafio** – uma perspectiva construtivista. Porto Alegre: Mediação, 2010.

KAERCHER, Nestor A. **Desafios e utopias do ensino de Geografia**. Santa Cruz do Sul: Edunisc, 2010.

KOZEL, Salete. Mapas mentais – uma forma de linguagem: perspectivas metodológicas. In: **Da percepção e cognição à representação**. São Paulo/Porto Velho: Terceira Margem/Edufro, 2007.

PERRENOUD, Philippe. **10 novas competências para ensinar**. Porto Alegre: Artmed, 2000.

POLATO, Amanda. Um bate-papo sem fim. **Nova Escola**, São Paulo, abr./maio 2007.

PONTUSCHKA, Nídia Nacib et al. (Org.). **Para ensinar e aprender Geografia**. São Paulo: Cortez, 2012.

POZO, Juan Ignacio (Org.). **A solução de problemas**: aprender a resolver, resolver para aprender. Porto Alegre: Artmed, 1998.

RAMA, Ângela; VERGUEIRO, Waldomiro (Org.). **Como usar as histórias em quadrinhos na sala de aula**. São Paulo: Contexto, 2016.

SCHÄFFER, Neiva. Ler a paisagem, o mapa, o livro... Escrever nas linguagens da Geografia. In: NEVES, Iara C. B. et al. **Ler e escrever**: compromisso de todas as áreas. Porto Alegre: Ed. da UFRGS, 2006.

SIMIELLI, Maria Elena. O mapa como meio de comunicação e a alfabetização cartográfica. In: ALMEIDA, Rosângela Doin de (Org.). **Cartografia escolar**. São Paulo: Contexto, 2014.

__________. **Primeiros mapas**: como entender e construir. São Paulo: Ática, 2010. 4 v.

SOARES, Magda. **Letramento**: um tema em três gêneros. Belo Horizonte: Autêntica, 2004.

__________. **Letramento e alfabetização**: as muitas facetas. 26ª Reunião Anual da ANPED. Poços de Caldas, 2003.

SPOSITO, Maria Encarnação Beltrão (Org.). **Livros didáticos de História e Geografia**: avaliação e pesquisa. São Paulo: Ed. da Unesp, 2006. (Coleção Cultura Acadêmica).

STRAFORINI, Rafael. **Ensinar Geografia**: o desafio da totalidade – mundo nas séries iniciais. São Paulo: Annablume, 2008.

TUAN, Yi-Fu. **Espaço e lugar**. São Paulo: Difel, 1997.

VOGEL, Arno et al. **Como as crianças veem a cidade**. Rio de Janeiro: Pallas/Flacso/Unicef, 1995.

ZENAIDE, Maria de Nazaré Tavares (Org.). **Ética e cidadania nas escolas**. João Pessoa: Ed. Universitária/UFPB, 2003.

Sites

Acesso em: 4 jul. 2017.

Agenda Criança Unicef: <www.selounicef.org.br>

Biblioteca Virtual de Educação: <http://bve.cibe.inep.gov.br/>

Brasil Escola: <www.brasilescola.com>

Folhinha: <www1.folha.uol.com.br/folhinha>

Planneta Educação: <www.planetaeducacao.com.br>

Portal do Meio Ambiente: <http://portal.rebia.org.br>

Revista Ciência Hoje: <http://chc.org.br/revista-aberta/>

Projeto

Ápis divertido

2º ano

GEOGRAFIA

ESTE MATERIAL PODERÁ SER DESTACADO E USADO PARA AUXILIAR O ESTUDO DE ALGUNS ASSUNTOS VISTOS NO LIVRO.

PEÕES E DADO

DESTAQUE E MONTE ESTAS PEÇAS PARA BRINCAR COM OS JOGOS **RESPEITE A SINALIZAÇÃO** E **AMARELINHA**.

LEGENDA:

DOBRE.

 COLE.

PEÃO MONTADO:

DADO MONTADO:

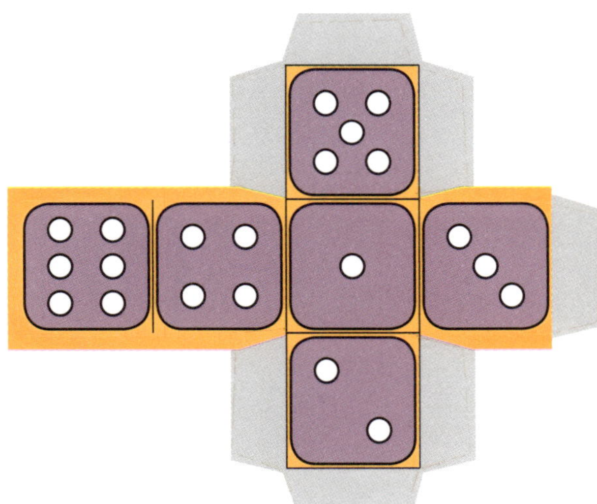

RESPEITE A SINALIZAÇÃO

DESTAQUE AS FIGURAS E COLE-AS NO SEU TABULEIRO, NOS LOCAIS CORRETOS.

Yothin Dechnagred/Shutterstock

Yothin Dechnagred/Shutterstock

Ricardo de Paula Ferreira/Shutterstock

Ricardo de Paula Ferreira/Shutterstock

Yothin Dechnagred/Shutterstock

Max4e Photo/Shutterstock

OS TABULEIROS E AS REGRAS DOS JOGOS ESTÃO NO FINAL DO **ÁPIS DIVERTIDO**.

AMARELINHA

DESTAQUE AS CARTAS DESTA PÁGINA E DAS PÁGINAS A SEGUIR PARA BRINCAR COM O **JOGO DA AMARELINHA**.

A PEDRA É UM SER VIVO?

RESPOSTA

NÃO, ELA É UM SER NÃO VIVO.
ANDE 1 CASA.

O QUE VEMOS NO CÉU À NOITE E COMEÇA COM A LETRA **L**?

RESPOSTA

A LUA.
ANDE 1 CASA.

DIGA O NOME DE UM SER VIVO DE HÁBITOS NOTURNOS QUE COMEÇA COM A LETRA **M**.

RESPOSTA

MORCEGO.
ANDE 2 CASAS.

O QUE VEMOS NO CÉU DURANTE O DIA E COMEÇA COM A LETRA **S**?

RESPOSTA

O SOL.
ANDE 1 CASA.

UMA PANELA DE FERRO É DURA OU MACIA?

RESPOSTA

ELA É DURA.
ANDE 1 CASA.

AMARELINHA

AMARELINHA

AMARELINHA

AMARELINHA

AMARELINHA

AMARELINHA

QUAL É O PONTO DE VISTA USADO PARA FAZER OS MAPAS?

RESPOSTA

VISÃO VERTICAL.
ANDE 3 CASAS.

IR PARA A ESCOLA É UM DIREITO DE TODAS AS CRIANÇAS?

RESPOSTA

SIM.
ANDE 1 CASA.

QUANDO O SEMÁFORO DE PEDESTRE ESTÁ VERDE, O QUE PODEMOS FAZER?

RESPOSTA

PODEMOS ATRAVESSAR A RUA.
ANDE 2 CASAS.

É CERTO ESCOVAR OS DENTES COM A TORNEIRA ABERTA?

RESPOSTA

NÃO.
ANDE 2 CASAS.

UM TRIÂNGULO TEM QUANTOS LADOS?

RESPOSTA

TEM 3 (TRÊS) LADOS.
ANDE 2 CASAS.

AMARELINHA

AMARELINHA

AMARELINHA

AMARELINHA

AMARELINHA

AMARELINHA

QUANTO É 6×2?

RESPOSTA

12 (DOZE).
ANDE 2 CASAS.

NOS BAIRROS, EXISTEM DIFERENTES TRABALHOS?

RESPOSTA

SIM.
ANDE 3 CASAS.

ANA TEM 40 ANOS E MARA TEM 34 ANOS. QUAL É A DIFERENÇA DE IDADE ENTRE ELAS?

RESPOSTA

6 (SEIS) ANOS.
ANDE 1 CASA.

NO VERÃO FAZ CALOR OU FRIO?

RESPOSTA

CALOR.
ANDE 2 CASAS.

A BOLINHA DE GUDE É QUADRADA OU REDONDA?

RESPOSTA

REDONDA.
ANDE 1 CASA.

AMARELINHA

AMARELINHA

AMARELINHA

AMARELINHA

AMARELINHA

Geografia

Projeto Ápis

2º ano

Caderno de atividades

SUMÁRIO

NESTE CADERNO, VOCÊ VAI REALIZAR ATIVIDADES SOBRE ASSUNTOS TRATADOS NO LIVRO. ESPERAMOS QUE VOCÊ GOSTE DESSAS ATIVIDADES E APRENDA MUITO COM ELAS! BOM TRABALHO E MÃOS À OBRA!

Bentinho/Arquivo da editora

UNIDADE 1

A VIDA EM COMUNIDADE

1 AMANDA NASCEU NA CIDADE DE CAMPO GRANDE, NO ESTADO DE MATO GROSSO DO SUL. NO ANO PASSADO ELA E SEUS PAIS SE MUDARAM PARA VITÓRIA, NO ESTADO DO ESPÍRITO SANTO. VEJA A FICHA DE AMANDA NA NOVA ESCOLA.

Ruslan Guzov/Shutterstock

NOME: AMANDA

SOBRENOME: FERNANDES BUENO

NASCIMENTO – DIA: 5 **MÊS:** FEVEREIRO **ANO:** 2012

CIDADE ONDE NASCEU: CAMPO GRANDE

ESTADO: MATO GROSSO DO SUL

PAÍS: BRASIL

A) AGORA É A SUA VEZ! PREENCHA A SUA FICHA ESCOLAR. DESENHE OU COLE UMA FOTO SUA NO ESPAÇO DA FICHA ABAIXO.

NOME:

SOBRENOME:

NASCIMENTO – DIA: **MÊS:** **ANO:**

CIDADE ONDE NASCEU:

ESTADO:

PAÍS:

B) DÉBORA ALMEIDA DE SOUZA E BERNARDO ALMEIDA DE SOUZA SÃO IRMÃOS GÊMEOS. ELES NASCERAM EM FORTALEZA, NO ESTADO DO CEARÁ, NO DIA 2 DE DEZEMBRO DE 2011. ATUALMENTE, A FAMÍLIA MORA EM ITAPIPOCA, TAMBÉM NO CEARÁ. PREENCHA AS FICHAS DE DÉBORA E BERNARDO.

Camile Tokerud/The Image Bank

NOME:

SOBRENOME:

NASCIMENTO – DIA: **MÊS:** **ANO:**

CIDADE ONDE NASCEU:

ESTADO:

PAÍS:

Guilhermo Hung/dkStock/Getty images

NOME:

SOBRENOME:

NASCIMENTO – DIA: **MÊS:** **ANO:**

CIDADE ONDE NASCEU:

ESTADO:

PAÍS:

C) O QUE SÃO IRMÃOS GÊMEOS?

D) APESAR DE TEREM NASCIDO NO MESMO DIA, DÉBORA E BERNARDO TÊM GOSTOS E IDEIAS DIFERENTES. EM SUA OPINIÃO, POR QUE ISSO ACONTECE?

E) SE VOCÊ TEM UM IRMÃO OU UMA IRMÃ, PREENCHA A FICHA COM OS DADOS DELES. SE NÃO TEM, ESCREVA OS DADOS DE UM COLEGA DE CLASSE. DESENHE OU COLE UMA FOTO DA PESSOA ESCOLHIDA NO ESPAÇO A SEGUIR.

NOME:

SOBRENOME:

NASCIMENTO – DIA: **MÊS:** **ANO:**

CIDADE ONDE NASCEU:

ESTADO:

PAÍS:

F) MOSTRE A FICHA PREENCHIDA AO SEU IRMÃO, À SUA IRMÃ OU AO SEU COLEGA DE CLASSE.

2 LUANDA É UMA MENINA QUE GOSTA DE ESTAR COM UM PENTEADO DIFERENTE A CADA DIA. O NOME DELA FOI ESCOLHIDO PELO PAI EM HOMENAGEM À CIDADE DE LUANDA, CAPITAL DE ANGOLA. LEIA O TEXTO PARA CONHECER UM POUCO MAIS SOBRE A MENINA LUANDA.

[...]

E DO QUE ELA MAIS GOSTA MESMO

É DO CABELO CRESPO QUE TEM. CHEIO DE ROLINHOS.

ELA É MUITO VAIDOSA.

TODO DIA DESFILA PELA ESCOLA UM PENTEADO NOVO,

E FICA SEMPRE LINDA!

NA SEGUNDA-FEIRA ELA PEDE:

– VÓÓÓÓ... ME FAZ TRANCINHAS?

NA TERÇA-FEIRA É:

– PAIÊÊÊ... DEIXA MEU CABELO SOLTO?

NA QUARTA-FEIRA JÁ VEM COM OUTRA INVENÇÃO:

– VÓÓÓÓÓÓ... PRENDE BEM O MEU CABELO?

QUINTA-FEIRA MAIS UMA NOVIDADE:

– MANHÊÊÊ... PÕE ENFEITES COLORIDOS NO MEU CABELO?

E QUEM SABE O QUE SERÁ NA SEXTA-FEIRA, NO SÁBADO E NO DOMINGO?

LUCIMARA ROSA DIAS. **CADA UM COM SEU JEITO, CADA JEITO É DE UM!** CAMPO GRANDE: ALVORADA, 2012. P. 30-34.

Sidney Meireles/Arquivo da editora

A) DO QUE LUANDA GOSTA?

____

____

B) QUE DIAS DA SEMANA APARECEM NO TEXTO? CIRCULE.

C) AJUDE LUANDA A SE ARRUMAR PARA IR À ESCOLA. LIGUE OS ITENS À PARTE DO CORPO EM QUE SÃO USADOS. DEPOIS, PINTE OS DESENHOS.

Ilustrações: Sidney Meireles/Arquivo da editora

D) QUAIS FAMILIARES PENTEIAM O CABELO DE LUANDA? PARA RESPONDER, PINTE OS QUADRINHOS A SEGUIR.

- ☐ MÃE
- ☐ AVÓ
- ☐ TIA
- ☐ PRIMO
- ☐ IRMÃO
- ☐ AVÔ
- ☐ PAI

E) QUE CUIDADOS DIÁRIOS VOCÊ TEM COM SEUS CABELOS?

____

____

3 OBSERVE OS BRINQUEDOS ABAIXO. DEPOIS:

A) CIRCULE DE **VERDE** O MENOR BRINQUEDO DE CADA GRUPO.

B) PINTE DE **AZUL** O MAIOR BRINQUEDO DE CADA GRUPO.

Ilustrações: Sidney Meireles/Arquivo da editora

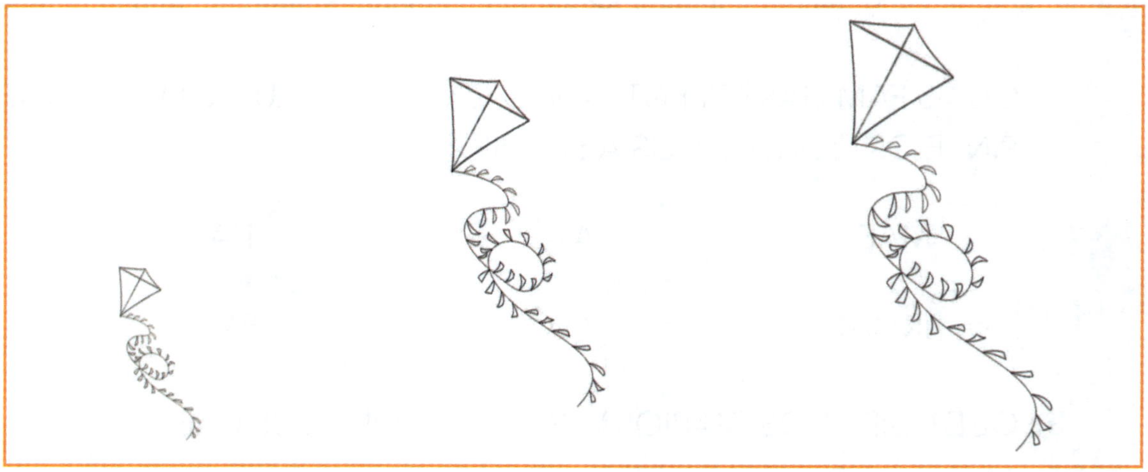

C) DE QUAL DOS BRINQUEDOS ACIMA VOCÊ MAIS GOSTA? CIRCULE DE **VERMELHO**.

4 VOCÊ APRENDEU QUE OS OBJETOS PODEM SER REPRESENTADOS DE PONTOS DE VISTA DIFERENTES. VAMOS PRATICAR?

A) PINTE A CAIXA DE PRESENTE QUE É VISTA DO ALTO, EXATAMENTE DE CIMA PARA BAIXO.

Ilustrações: Sidney Meireles/Arquivo da editora

B) PINTE A PANELA QUE É VISTA DO ALTO E DE LADO.

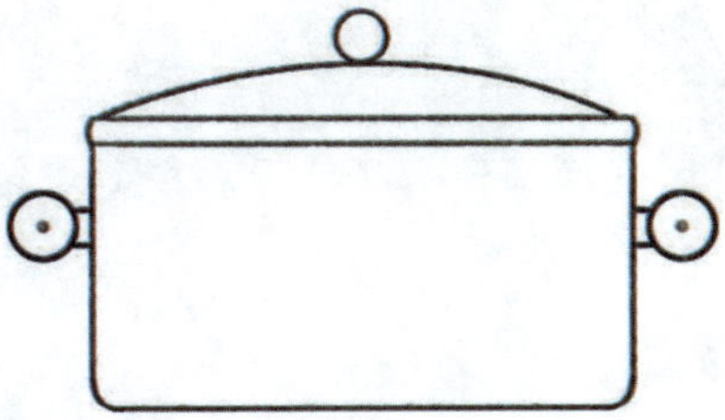

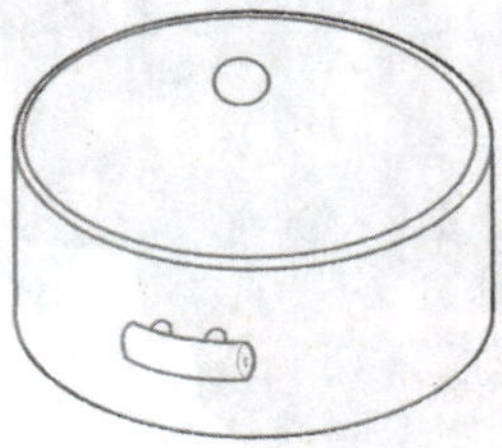

C) PINTE O NOTEBOOK QUE É VISTO DE FRENTE.

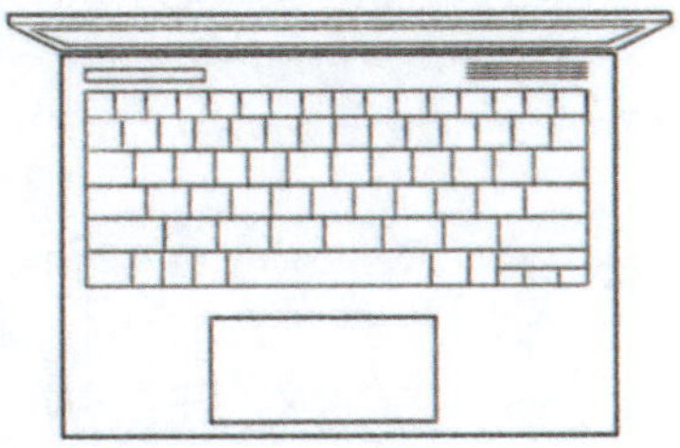

D) ESCOLHA UM OBJETO E DESENHE-O NO QUADRO ABAIXO EM QUALQUER PONTO DE VISTA. ESCREVA NA LINHA QUAL PONTO DE VISTA VOCÊ ESCOLHEU. ______________________________

5 ENCONTRE NO DIAGRAMA O NOME DESTES MATERIAIS USADOS NA CONSTRUÇÃO DE MORADIAS.

CIMENTO	PEDRA	TELHA	MADEIRA
TIJOLO	AREIA	PALHA	VIDRO

Sidney Meirelles/Arquivo da editora

P	E	D	R	A	I	D	G	C	B	H	C	E	K	T	J	D	Y	I	S	U
B	F	S	I	Y	M	Z	G	A	E	D	A	Z	J	E	U	A	X	V	P	U
U	A	O	V	X	X	A	X	O	R	T	E	L	H	A	S	T	M	S	H	A
A	M	P	H	U	T	A	B	T	K	M	T	T	S	Q	X	F	W	L	U	T
T	V	Z	H	A	I	O	J	Q	B	J	Q	E	C	A	R	D	I	G	J	L
T	U	R	J	R	J	N	T	G	G	O	G	X	I	Z	K	N	T	O	A	P
O	E	K	F	E	O	E	G	C	Z	C	I	M	E	N	T	O	G	V	P	A
V	A	H	E	I	L	Z	X	D	K	O	U	G	C	B	H	C	C	C	Y	L
B	R	A	N	A	O	Z	X	C	H	V	I	D	R	O	Z	N	D	M	M	H
M	E	R	G	P	I	N	C	B	M	E	N	T	O	D	Y	G	C	P	L	A
W	I	E	R	W	D	L	A	G	T	J	G	C	W	T	G	G	T	U	N	T
J	A	C	L	O	L	D	A	G	L	F	H	M	A	D	E	I	R	A	T	S

UNIDADE 2

LOCALIZAR E REPRESENTAR ESPAÇOS

1 MARCELO TIROU UMA FOTO DO LUGAR DE QUE ELE MAIS GOSTA NA ESCOLA. VEJA:

Mykola Komarovskyy/Shutterstock

A) QUE LUGAR É ESSE?

____

B) EM SUA ESCOLA EXISTE UM LUGAR PARECIDO COM O DA FOTO?

☐ SIM ☐ NÃO

C) QUAL É O SEU LUGAR PREFERIDO NA ESCOLA? COLE UMA FOTO OU DESENHE ESSE LUGAR NO QUADRO ABAIXO E ESCREVA O NOME DELE.

D) QUE ATIVIDADE VOCÊ COSTUMA FAZER NO LUGAR QUE DESENHOU? COMENTE COM OS COLEGAS.

2 CAIO, CAROLINA, CLARA, FLÁVIA, JONAS, JULIANA, MARINA, MATEUS E PALOMA ESTÃO NO 2º ANO DO ENSINO FUNDAMENTAL I E ESTUDAM NA MESMA ESCOLA.

NA APRESENTAÇÃO ESPECIAL PARA O DIA DA FAMÍLIA, OS ALUNOS ESTÃO NO PÁTIO ESPERANDO PARA SE APRESENTAR. A PROFESSORA NATÁLIA FEZ UM DESENHO DOS ALUNOS NO PÁTIO. VEJA ABAIXO.

Ilustrações: Sidney Meireles/Arquivo da editora

A) LEIA AS PISTAS E OBSERVE O DESENHO PARA DESCOBRIR O NOME DOS ALUNOS. ANOTE NA PRÓXIMA PÁGINA.

- CAIO ESTÁ DE CAMISETA AMARELA, ENTRE JONAS E MATEUS.
- JONAS ESTÁ COM A BOCA E OS OLHOS FECHADOS.
- JULIANA ESTÁ ATRÁS DO CARTAZ DE **FELIZ DIA DA FAMÍLIA**.
- PALOMA TEM SAPATOS VERDES E ESTÁ AO LADO DE JULIANA.
- CAROLINA TEM CABELOS PRETOS E ESTÁ AO LADO DE JULIANA.
- MARINA ESTÁ DE CAMISETA LISTRADA.
- CLARA ESTÁ ENTRE MARINA E FLÁVIA.

B) AGORA, ANOTE O NOME DOS ALUNOS.

ESTE É O ______________________________.

ESTE É O ______________________________.

ESTE É O ______________________________.

ESTA É A ______________________________.

ESTA É A ______________________________.

ESTA É A ______________________________.

ESTA É A ______________________________.

C) QUAIS CRIANÇAS NÃO FORAM DESENHADAS NESTA PÁGINA?

____

3 LEIA O TEXTO A SEGUIR E FAÇA AS ATIVIDADES.

DA MINHA JANELA

Sidney Meirelles/Arquivo da editora

DA MINHA JANELA, TODOS OS DIAS, VEJO MUITAS FLORES:

VERMELHAS, BRANCAS, TRICOLORES. MINHA PREFERIDA É A AMARELA.

VEJO A DONA LÚCIA MARIA VOLTANDO DA PADARIA.

E O PAI DO ANDRÉ, ANDANDO E ACENANDO, SEMPRE DE BONÉ.

VEJO QUANDO O MINGAU, UM GATO TIGRADO, QUE ADORA MEL, CORRE ATRÁS DO LANCHE DA RAQUEL.

À NOITE, A MÃE FECHA A JANELA. MAS EU CONTINUO VENDO A VIDA PASSAR, COLORIDA E BELA.

A) COM QUE FREQUÊNCIA AS COISAS SÃO VISTAS DA JANELA?

____

B) DESENHE NO ESPAÇO ABAIXO O QUE VOCÊ VÊ DA SUA JANELA.

4 AS GALINHAS DO DESENHO ABAIXO SE PERDERAM DE SEUS OVOS. VAMOS AJUDÁ-LAS A REENCONTRÁ-LOS? FAÇA CADA PERCURSO COM UMA COR DIFERENTE.

A

B

C

Sidney Meirelles/Arquivo da editora

5 LEIA O TEXTO A SEGUIR E DESCUBRA COMO FOI A MANHÃ DE GABRIELA.

HOJE EU ACORDEI BEM CEDO PARA IR À 

. SAÍ DE  COM MEUS PAIS, DE . NO CAMINHO ATÉ A 

PASSAMOS POR VÁRIAS , UM 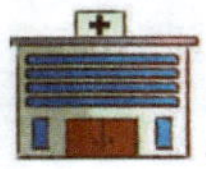, UMA 

E A CASA DA VOVÓ.

PERTO DO  DO 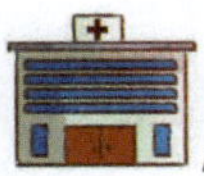, UM MOTORISTA NÃO RESPEITOU A SINALIZAÇÃO E AVANÇOU NA FAIXA DE PEDESTRE. POR SORTE NÃO ATROPELOU NINGUÉM, MAS ATRAPALHOU O TRÂNSITO.

Ilustrações: Sidney Meirelles/Arquivo da editora

A) O QUE EXISTE NO CAMINHO ENTRE A CASA DE GABRIELA E A ESCOLA?

____

____

B) QUAL COR DA LUZ DO SEMÁFORO ESTAVA ACESA PARA O MOTORISTA QUANDO ELE AVANÇOU NA FAIXA DE PEDESTRE? FAÇA UM **X**.

☐ AMARELA ☐ VERDE ☐ VERMELHA

Unidade 3

Viver e trabalhar

1 Complete os espaços em branco do texto abaixo com os lugares que existem no bairro onde Luísa mora.

livraria	clube	mercado
padaria	escola	praça

Quase todos os lugares aonde costumo ir ficam no bairro em que eu moro. De segunda a sexta-feira eu vou para a _______________. Eu fico a tarde toda lá. Aos sábados, mamãe e eu vamos até a _______________ tomar café da manhã. Depois, ela me leva para a aula de natação no _______________.

Quando voltamos para casa já é hora de almoçar. Antes de escurecer vou ao _______________ com meus pais comprar comida.

No domingo almoçamos em família. De tarde meu irmão costuma ir à _______________ e eu ando de bicicleta na _______________ que fica no fim da rua em que moramos até a hora do jantar.

2 Você conheceu o que Luísa faz aos sábados e domingos. Agora é a sua vez! Escreva um pequeno texto contando o que você faz no fim de semana e os lugares aonde costuma ir.

____

____

____

3 Muitos trabalhadores participam do nosso dia a dia. Leia as dicas abaixo e descubra quem são esses trabalhadores.

1 Conserta e fabrica sapatos.

2 Cuida dos dentes.

3 Faz pães.

4 Controla a entrada e a saída de pessoas dos lugares.

5 Dirige carros e ônibus.

6 Limpa as ruas.

7 Cuida dos cabelos.

8 Cuida das pessoas quando elas ficam doentes.

9 Apaga incêndios e socorre pessoas.

10 Entrega as correspondências nas casas.

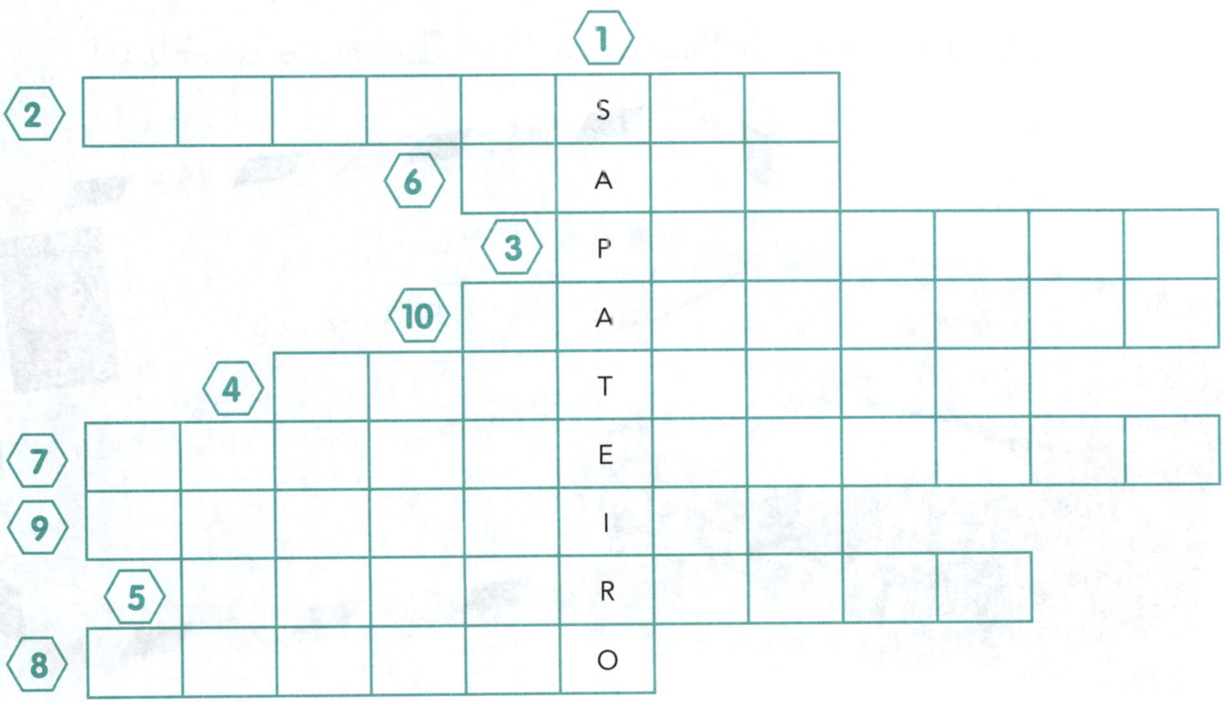

4 Leia a carta de Daniela para seu amigo Marcelo. Depois, faça as atividades.

Oi, Marcelo!

Tudo bem?

Minha viagem foi muito legal! A cidade de São Paulo é muito diferente da nossa cidade, Salvador. Estou muito longe! Parece que atravessamos quase o Brasil inteiro em poucas horas de avião. Minha mãe disse que a gente podia ter vindo de ônibus, mas levaria quase um dia inteiro de viagem.

Aqui tem muitos prédios, muitos carros e muitas lojas. Mas o chato é que não tem praia. Parece que aqui faz mais calor do que aí, quando estamos na praia. Estou te mandando uma fotografia do Parque do Ibirapuera. Visitei esse parque hoje. Fui ao Planetário, à Fundação Bienal, ao Bosque da Leitura e depois descansei na Praça da Paz. Foi muito divertido!

Beijos,

Daniela.

Will Rodrigues/Shutterstock

Banco de imagens/Arquivo da editora

a) Que viagem Daniela fez? Ligue as duas cidades.

Salvador	Rio Branco
Macapá	Corumbá
Porto Alegre	São Paulo

b) Qual foi o meio de transporte utilizado por ela? Faça um **X**.

Aleksandr Kurganov/Shutterstock

Whitelook/Shutterstock

Mikbiz/Shutterstock

Free Wind 2014/Shutterstock

c) A viagem demorou quanto tempo?

____

____

____

d) Que outro meio de transporte Daniela e sua mãe poderiam ter utilizado? Por que elas não o utilizaram?

____

____

____

____

5 A carta foi o meio de comunicação que Daniela usou para falar com Marcelo. Ligue os números do desenho abaixo e descubra qual meio de comunicação Marcelo escolheu para responder a Daniela. Depois, complete e pinte o desenho.

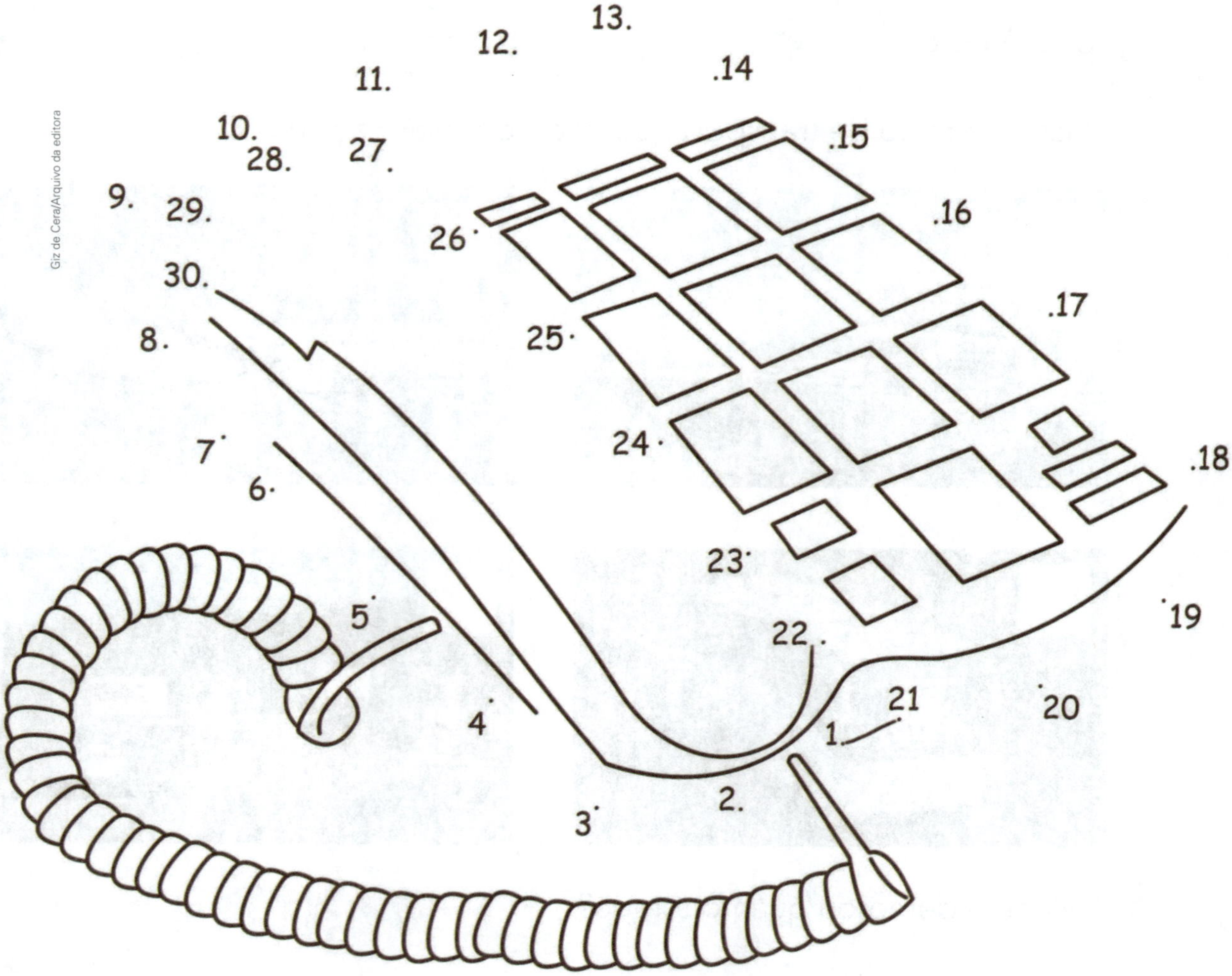

Giz de Cera/Arquivo da editora

a) Qual foi o meio de comunicação escolhido por Marcelo?

____

b) Qual meio de comunicação você usaria para responder à carta de Daniela? Por quê?

____

____

Unidade 4

O ambiente em que vivemos

1 Joana é prima de Felipe. Ela viajou para outro país e enviou ao primo um cartão-postal de um lugar que ela visitou. Mas a mensagem está escrita em códigos! Decifre o código e descubra que lugar Joana visitou e o que ela escreveu a Felipe.

♥∢, ✱☺♣∢⌖☺!
Δ◊↔∢ ♠♥ ☺❖∢⩔♥
⩔☺→ ⌘Δ☼∢Δ💧
●♥♠💧⩔☼↔●♥☺💧
Δ♠⩔∢❖Δ💧.
♥♠⩔☺→ ⌘∢💧∢⩔☺∢
Δ💧 ⌖∢☼Δ→∢*☺💧.

↔→ Δ♦☼Δ●♥.

⩓♥Δ♠Δ

Felipe Rocha
Rua Pedro Rogachesky, 1200
Jd. Marabá
18213-650 - Itapetininga - SP

Δ: A	*: D	❖: G	⩓: J	→: M	⌖: P	💧: S	⌘: V	✱: Y
♦: B	☺: E	★: H	⬢: K	♠: N	◊: Q	⩔: T	◢: W	⁂: Z
●: C	✱: F	∢: I	♣: L	♥: O	☼: R	↔: U	✧: X	

a) Transcreva abaixo a mensagem que Joana mandou a Felipe.

b) Agora, escreva uma palavra usando o código que Joana inventou. Depois, mostre aos colegas e peça a eles que decifrem sua palavra.

2 Alguns animais têm casas muito interessantes. Vamos ver?
Leia o texto a seguir.

João-de-barro

Alguns bichos têm casas
Muito interessantes.
Formigas e abelhas
Podem dar ao homem
Lições de arquitetura.
E com que finura
A aranha tece sua teia,
O marimbondo constrói sua casa,
E o bicho-da-seda o seu casulo.
Mas sou apaixonada mesmo
É pela casa redonda
Do joão-de-barro.
Talvez porque sempre
Quisesse morar em árvore,
Morar assim, pendurada.
Lá dentro de casa,
O joão-de-barro e sua namorada
Fazem planos para o futuro.
Daqui de fora eu escuto:
Ti ti ti ti ti ti ti ti

Sidney Mereilles/Arquivo da editora

Roseana Murray. **Casas**. Belo Horizonte: Formato, 1994.

a) Como a aranha e o joão-de-barro constroem suas casas?

____

____

b) Que material utilizado por um desses animais também pode ser aproveitado para construir as nossas casas?

____

____

3 Desembaralhe as letras e descubra quais elementos do ambiente devem ser protegidos pelas pessoas.

a) r a: ______________	**c)** o o s l: ______________
b) g u a á: ______________	**d)** s m a n i a i: ______________

- Escolha um dos elementos acima e escreva uma frase sobre a importância dele para a vida dos seres humanos.

____

____

4 Observe a imagem.

Santiparp Wattanaporn/Shutterstock

a) O que mostra a imagem acima? Conte aos colegas e ao professor.

b) O local mostrado na imagem está preservado? Marque com um **X** a resposta correta.

☐ Sim ☐ Não

c) Circule na imagem os elementos que não deveriam estar neste local.

5 Compare as cenas e descubra os 6 erros. Marque as diferenças com um **X** na segunda cena.

Ilustrações: Sidney Meirelles/Arquivo da editora

- Agora escreva os problemas encontrados na segunda cena.

1: ____________________

2: ____________________

3: ____________________

4: ____________________

5: ____________________

6: ____________________

AMARELINHA

CRIANÇAS DE VÁRIAS PARTES DO MUNDO CONHECEM ESSA BRINCADEIRA.

VAMOS VER QUEM CONSEGUE PULAR AS CASAS E CHEGAR PRIMEIRO?

QUANTIDADE DE JOGADORES

- 2 A 4

COMO JOGAR

- MONTE OS PEÕES E O DADO DA PÁGINA 3.
- CADA JOGADOR DEVERÁ ESCOLHER UM PEÃO E POSICIONÁ-LO NA CASA MARCADA COM O NÚMERO **0**.
- DESTAQUE AS CARTAS DAS PÁGINAS 7 A 15 E EMBARALHE-AS. EM UM MONTE, COLOQUE AS CARTAS COM AS PERGUNTAS VIRADAS PARA BAIXO.
- COMEÇA O JOGO QUEM TIRAR O MAIOR NÚMERO NO DADO.
- PARA AVANÇAR PELAS CASAS, O JOGADOR PRECISA ACERTAR A RESPOSTA DA CARTA E SEGUIR AS INSTRUÇÕES. A PERGUNTA DEVE SER FEITA PELO JOGADOR QUE ESTIVER À DIREITA DO JOGADOR DA RODADA.
- SE O JOGADOR ERRAR A RESPOSTA, ELE PERMANECE NO LUGAR E PASSA A VEZ AO JOGADOR SEGUINTE.
- VENCE QUEM ULTRAPASSAR PRIMEIRO A CASA NÚMERO 12.

RESPEITE A SINALIZAÇÃO

VAMOS CONHECER ALGUNS SINAIS DE TRÂNSITO? SIGA AS INSTRUÇÕES DAS PLACAS PARA CHEGAR À PRAÇA.

QUANTIDADE DE JOGADORES

- 2 A 4

COMO JOGAR

- MONTE OS PEÕES E O DADO DA PÁGINA 3. CADA JOGADOR DEVE ESCOLHER UM PEÃO.
- DESTAQUE AS PEÇAS DA PÁGINA 5 E COLE-AS NO TABULEIRO, NOS LOCAIS INDICADOS.
- ESCOLHA UM DOS CAMINHOS COLORIDOS E POSICIONE O SEU PEÃO NA CASA **INÍCIO**.
- COMEÇA O JOGO QUEM TIRAR O MAIOR NÚMERO NO DADO.
- PARA AVANÇAR PELAS CASAS, É PRECISO JOGAR O DADO E SEGUIR AS INSTRUÇÕES DE CADA PLACA.
- AQUELE QUE CHEGAR PRIMEIRO À PRAÇA É O VENCEDOR.

Ilustrações: Vanessa Alexandre/Arquivo da editora

Vanessa Alexandre/Arquivo da editora